JN083737

はじめての「Mind Render」

マインドレンダー

COLOR INDEX

1章　Mind Renderスタート

「Mind Render」の入手から、画面の説明、操作方法、プログラムの保存などを解説しています。
「Mind Render」の基本を学びましょう。

きれいな背景「都市」を設定できる

2章　ドライブ・ゲーム

「車」の「オブジェクト」を移動させる短いプログラムで、ゲーム作りの基本を学びます。
ゲーム作りはまずココから!

コース上を車が颯爽と走る

3章　フライト・ゲーム

「3次元空間」を飛び回るゲーム・プログラム。「カメラ」の設定も学びます。
さまざまなゲーム制作に応用できます。

ビルを飛び越えて3次元空間に

4章　ジャンプ・ゲーム

障害物を避けたり、地形を飛び越えたりする「横スクロール型アクション・ゲーム」を作ります。
「ジャンプ」や「衝突判定」などを学びます。

障害物を避けて走り抜け!

はじめての「Mind Render」

マインド・レンダー

CONTENTS

はじめに

「Mind Render」(マインドレンダー)は「㈱モバイルインターネットテクノロジー」が開発した「プログラミング学習アプリ」です。

「スクラッチ」(Scratch)のような「ブロック・プログラミング方式」を採用し、「3次元空間の物理演算」にも対応した、美麗な3D作品を作ることができます。

あらかじめ「キャラクタ」や「背景」などの3Dモデルや、「エフェクト」「効果音」などが用意されているため、事前の準備も必要ありません。

「パッケージ・ソフト」は開発できませんが、手軽にプログラミングの楽しさを体験できるので、特に初心者にお勧めしたいアプリです。

＊

本書は「Mind Render」でのゲーム作りを通じて、プログラミングの楽しさを体験するための本です。

プログラムは1回で完成できるものではありません。

「作る」「動作させてみて、問題点をチェック」「プログラムを修正」「また動作させる」というループを何度も繰り返しながら作っていきます。

この過程で挫折してプログラミングが苦手になる人が多いのですが、「ゲーム・プログラミング」なら、このループを楽しく遊びながら繰り返すことができます。

いったんプログラミングの面白さを体感してしまえば、あとは自力で応用させていくだけです。

より高度なプログラミングに挑戦したり、ゲーム以外の便利なアプリケーションを作ったりすることもできるかもしれません。

＊

さて、決心は固まったでしょうか。

本書がプログラミングの楽しさを知るきっかけになれば幸いです。

豊田　淳

5章　パズル・ゲーム

人気の「落ちものパズル・ゲーム」の基本を学びます。ボールを連鎖させて消していく、楽しいゲームです。

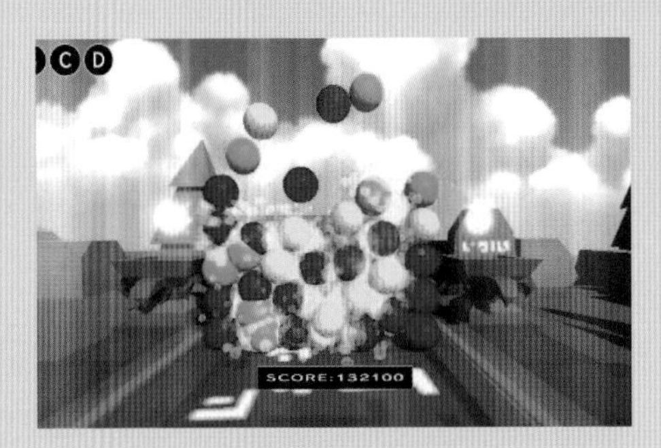

連鎖数が多いと高得点

連鎖数によってスコアがアップ

6章　FPS

「1人称視点」でプレイするシューティング・ゲーム「FPS」を作ります。遊びごたえがあり、拡張性が高いゲームです。

ラスボスを倒せばゲーム・クリア

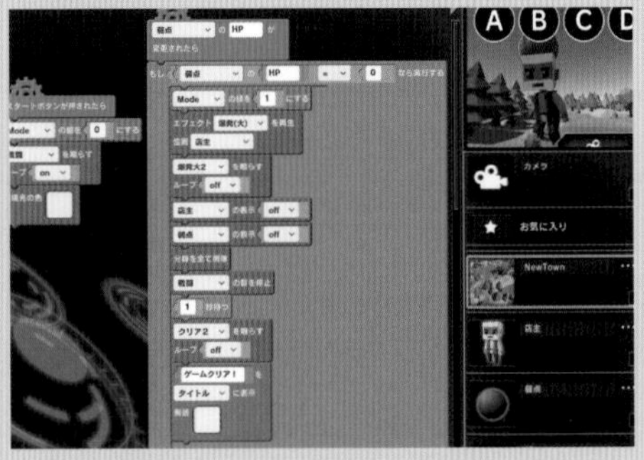

爆煙を発生させ、爆発音を鳴らす

「追加サンプル・ゲームPDF」のダウンロード

本書の追加サンプル・ゲーム PDF は、下記からダウンロードできます。

＜工学社ホームページ＞

http://www.kohgakusha.co.jp/

ダウンロードしたファイルを解凍するには、下記のパスワードが必要です。

MR2smp

すべて半角で、大文字小文字を間違えないように入力してください。

[ダウンロードPDF]の内容

付録A　シューティング・ゲーム

「横スクロール型シューティング・ゲーム」を作ります。ゲーム・プログラミングの定番ジャンルとして、昔からたくさんのゲームが作られています。

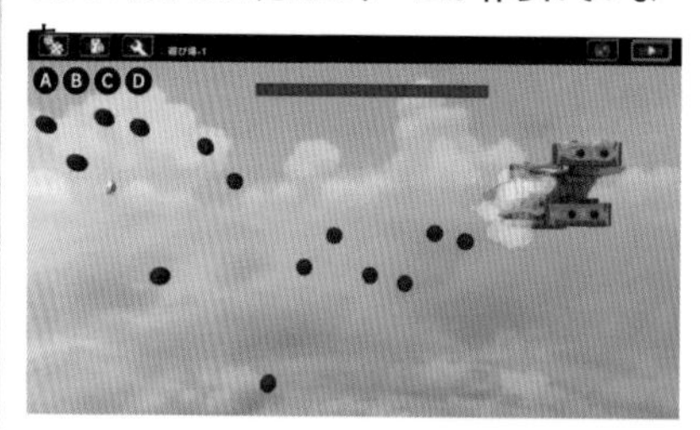

きれいな背景「都市」を設定できる

付録B　ゾンビ退治ゲーム

群がるゾンビを炎の魔法でやっつける「3人称シューティング・ゲーム」を作ります。「マップ」の作り方を学びます。

ワラワラと湧いてくるゾンビたち

第1章

「Mind Render」の概要

まずは全体像を眺めて、「Mind Render」がどのようなソフトで、何ができるのかを知っておきましょう。

1-1 「Mind Render」の導入

■「Mind Render」の入手

「Mind Render」は「Windows」「Mac」「iOS」「Android」向けに提供されています。

どれも基本機能は同じですが、「スマートフォン」は画面が小さいので、「パソコン版」か「タブレット版」で始めることをお勧めします。

ただし、「Mind Render」で「VR」(ヴァーチャル・リアリティ)を楽しみたいときには、「スマートフォン」が必要です。

*

「ロッカー」という機能を使えば、ネットワークを通じて自分の作ったプログラムを共有できるので、複数のデバイスを使い分けたり、機種を乗り換えたりすることもできます。

*

機種を決めたら「Mind Render」の公式ページに行き、ソフトをダウンロードしてインストールしましょう。

表示される指示どおりに進めるだけなので、手順はとても簡単です。

https://mindrender.jp/#download

図01-1-1
「Mind Render」のダウンロード画面

■「Mind Render」の起動

[手順] 「Mind Render」を立ち上げる

[1]「Mind Render」を立ち上げると、タイトル画面が表示されます。

※初めて使う場合は、右側の「ラボ選択」ボタンをクリックしてください。

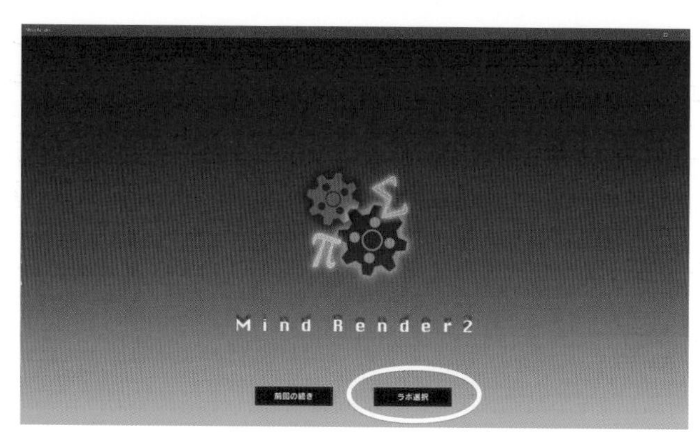

図01-1-2 「Mind Render」の起動画面

＊

[2]「実験室」(ラボ)のリストが表示されるので、リストを下へスクロールさせ、「遊び場①」をクリックしてください。

図01-1-3 実験室 (ラボ)画面

[3]プログラミング画面「小画面モード」が表示されます。

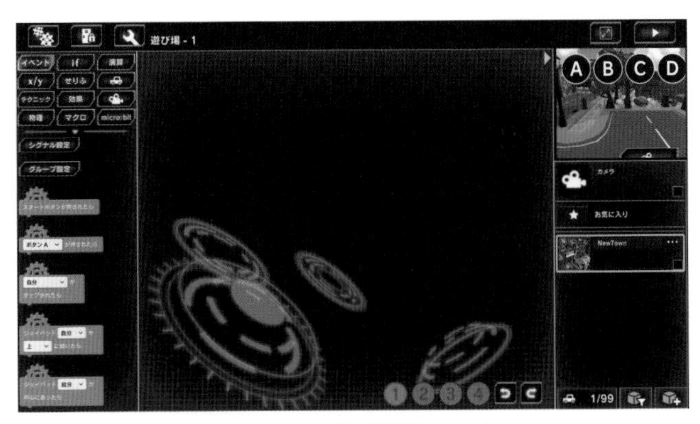

図01-1-4　「小画面モード」

この「小画面モード」が、「Mind Render」のもっとも基本的な画面です。

「画面の見方」や「操作方法」については、次節から詳しく説明していきます。

1-2 画面構成

■「小画面モード」のエリア区分

「小画面モード」は5つのエリアに分かれています。

図01-2-1　「小画面モード」のエリア区分

A：カテゴリー・エリア

(B)「命令ブロック・エリア」に表示されるブロックの「種類」(カテゴ

リー)を切り替えます。

B：命令ブロック・エリア

使うブロックをここで選び、(C)「プログラミング・エリア」にドラッグ&ドロップできます。

C：プログラミング・エリア

ここにブロックを並べていくことで、プログラムを組み立てます。

D：小画面

プログラムの実行結果が表示される小窓です。

E：オブジェクト・リスト

「カメラ」や「背景」、使用中の「オブジェクト」(ゲームを構成する要素)がリスト表示されます。

ここでオブジェクトを選択すると、そのオブジェクトに含まれているプログラムが(C)「プログラミング・エリア」に表示されます。

■「小画面モード」のボタン

「小画面モード」の画面には**図01-2-2**のようなボタンがあります。

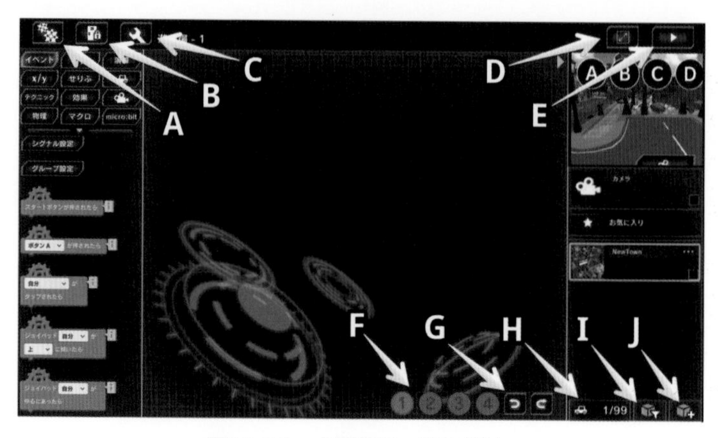

図01-2-2　小画面モードのボタン

A：実験室ボタン

「実験室」(ラボ)のリストを表示します。

「実験室」には、いろいろな「サンプル・プログラム」のほか、自由に使えるフリースペースの「遊び場」も用意されています。

B：ロッカー・ボタン

「ロッカー」と呼ばれるネットワーク上の記憶領域にプログラムを保存したりシェアしたりするときに使います。

「ロッカー」を利用するには、「ユーザー登録」が必要です。

C：設定ボタン

「ブロック詳細ボタン」の表示切り替えを行ないます。

「ブロック詳細ボタン」とは、「命令ブロック」の機能の説明を表示するボタンです。

D：全画面ボタン

「全画面モード」に切り替えます。

「小画面」に表示されている映像が画面全体に表示されます。

E：スタート・ボタン

プログラムをスタートします。

プログラムが動いている間は、このボタンに「黄色い枠」が表示されます。

F：ページ切り替えボタン

「プログラミング・エリア」のページ（全4ページ）を切り替えます。

中にプログラムが入っていると、明るい色で表示されます。

G：元に戻す／やり直しボタン

操作に失敗してしまったときに元に戻したり、再びやり直したりできます。

H：オブジェクト数

現時点での「オブジェクト数」が表示されます。

上限の「99」に達すると、それ以上のオブジェクトは追加できなくなります。

I：フィルター・ボタン

「オブジェクト・リスト」に表示する「オブジェクト」を種類（「背景」「モデル」「ツール」「サウンド」「エフェクト」）ごとに指定できます。

オブジェクトの数が増え、リストが長くなったときに便利です。

J：追加ボタン

新たな「オブジェクト」を追加します。

■ 全画面モード

「全画面ボタン」をクリックすると、「全画面モード」に切り替わります。

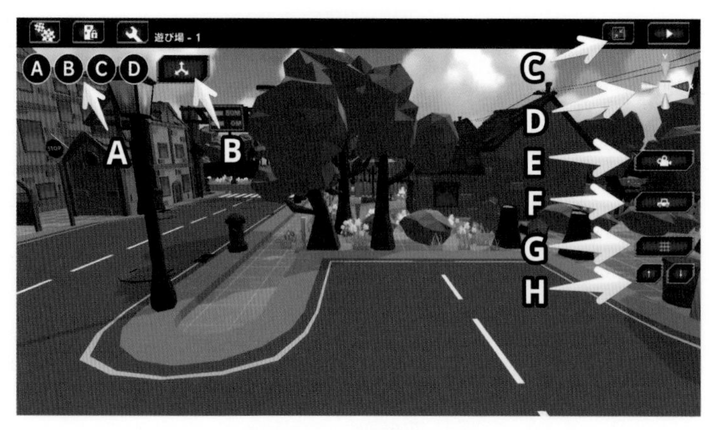

図01-2-3　全画面モード

A：ABCDボタン

プログラム動作中に押すことができる「ソフトウェア・スイッチ」です。

専用の「命令ブロック」が用意されているため、簡単に利用できます。

B：ギズモ切り替えボタン

「ギズモ」の種類を切り替えるボタンです。

「ギズモ」とは、画面内の「オブジェクト」を手動で操作するための「アイコン」のことです。

「トグル・スイッチ」になっており、クリックするたびに、「ギズモ」の種類が、「移動」「回転」「大きさ」に切り替わります。

C：小画面ボタン

「全画面モード」を終えて、「小画面モード」に戻るボタンです。

D：3次元アイコン

「カメラ・アングル」を簡単に切り替えるアイコンです。

E：カメラ初期化ボタン

カメラの「位置」と「角度」を初期状態に戻します。

F：物理エンジン切り替えボタン

「物理エンジン」の動作状態を切り替えます。

初期状態では「off」になっていますが、「on」に切り替えると、プログラムを停止しても「物理エンジン」は動き続けるため、運動中のオブジェクトはそのまま運動し続けます。

G：グリッド表示切り替えボタン

背景に「グリッド」（緑色の方眼）を表示するかどうかを切り替えます。

H：グリッド上下ボタン

「グリッド」の「高さ」を調整します。

■「VRモード」ボタン

「スマートフォン」や「タブレット」の場合は、「全画面/小画面ボタン」の横に「VRモード・ボタン」が表示されます。

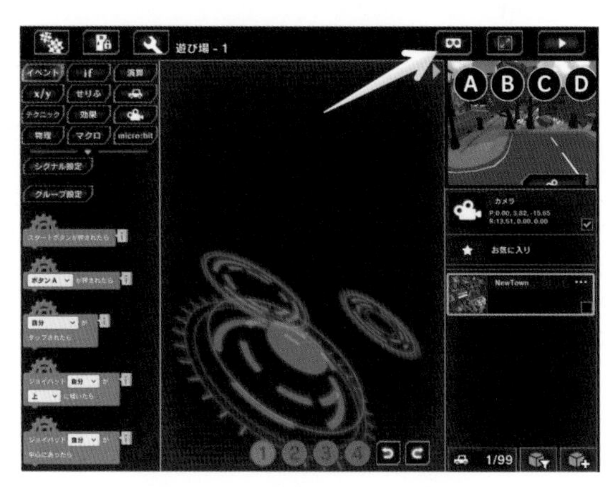

図01-2-4 「VRモード・ボタン」

「VRモード・ボタン」をクリックすると「VRモード」に切り替わり、映像が「右目用」と「左目用」に分かれて表示されます。

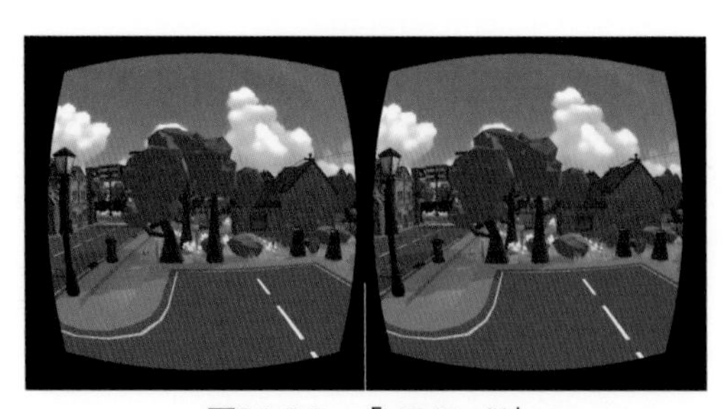

図01-2-5 「VRモード」

「VRモード」では、スマートフォン用の「VRゴーグル」を使うことで、立体的な映像を見ることができます。

「VRゴーグル」は安価で簡単に入手できるので、手軽にVRの世界を楽しむことができます。

図01-2-6　市販の「VRゴーグル」の例

1-3 操作方法

■ 遊び場

「Mind Render」の操作に慣れるため、簡単な練習をしてみましょう。

[手順]　「実験室」の操作

[1]「Mind Render」を立ち上げて「ラボ選択」ボタンをクリックすると、「実験室」画面が表示されます。

図01-3-1　「実験室」

この「実験室」(ラボ)は、プログラムの保存場所です。
あらかじめ、さまざまな「サンプル・プログラム」が保存されています。

ユーザーがプログラムを書き換えれば「上書き保存」されますが、初期状態に戻すこともできます。

丸いボタンが「白色」の場合、そこにはまだ入ったことがないことを示し、一度でも入ったことがあると、ボタンは「緑色」に変わります。

[2]「実験室」のリストを下のほうにスクロールさせ、**「遊び場①」**をクリックしてください。

以前にその「遊び場」を利用したことがある場合は、「最初から」と「続きから」の2つのボタンが表示されます。

「以前のデータ」を上書きして新しく始めたい場合は、「最初から」をクリックしてください。

図01-3-2　遊び場の選択（2回目以降）

[3]「遊び場」に入ると、「小画面モード」が表示されます。

初期状態の場合、「遊び場」にはプログラムは入っておらず、「プログラミング・エリア」は空っぽです。

ただ、「オブジェクト・リスト」には**「カメラ」「お気に入り」「NewTown」**が表示されています。

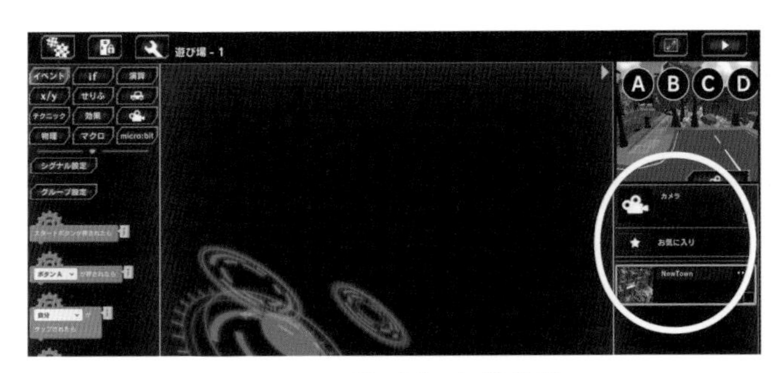

図01-3-3　遊び場の初期状態

「カメラ」は必須なので削除できません。

「お気に入り」はプログラムをコピーするときに一時的に利用する記憶領域です。

「NewTown」は「背景」です。

(「背景」の数は1つと決められているため、「削除」も「コピー」もできません)

■ カメラの操作方法

「Mind Render」では3D空間をあちこちに移動しながらプログラムを作っていくので、最初に「カメラの操作方法」を練習しておきましょう。

*

[手順]　カメラを操作する

[1] まずは「全画面ボタン」を押して「全画面モード」に切り替えてください。

図01-3-4　全画面モード

[2]次に、カメラを「前後」に動かして、**「背景」の全体像**を確認してみましょう。

カメラの前後移動方法

・パソコンのマウス
「マウスホイール」の回転

・Macのタッチパッド
2本指でスライド

・スマートフォン/タブレット
ピンチイン・ピンチアウト

図01-3-5 カメラの前後移動

全体を見渡すと、「背景」にいろいろなものが配置されていることが分かります。

[3]次に、カメラの「向き」を変えてみましょう。

カメラの前後移動と組み合わせることで、好きな場所に移動することができます。

カメラの回転方法

・パソコンのマウス
　マウスの「右ボタン」をクリックしながらドラッグ

・Macのタッチパッド
　[option]キーを押しながらドラッグ

・スマートフォン
　2本指でスライド

図01-3-6　カメラの回転

[4]カメラを「平行移動」させてみましょう。
　ちょっと右にズラしたいときなど、向きを変えずに微調整したいときに便利です。

カメラの並行移動方法

・パソコンのマウス
　「マウスホイール」を押しながらドラッグ

・Macのタッチパッド
　[ctrl]キーを押しながらドラッグ

・スマートフォン
3本指でドラッグ

図01-3-7 カメラの平行移動

■「背景」の変更

次の練習として、**「背景」を変更**してみましょう。

[手順] 背景の変更

[1]「小画面モード」に戻り、「オブジェクト・リスト」に表示されている「背景」(New Town)の「…」をクリックしてください。

図01-3-8 オブジェクトの「…」ボタン

すると、3つのボタンが表示されます。

左から**「変更」「削除」「コピー」**のボタンです。

図01-3-9 「変更」「削除」「コピー」ボタン

[2]左端の「変更」ボタンをクリックしてみてください。
「背景」の候補がたくさん表示されるので、**「都市」を選択**してみましょう。

図01-3-10 背景「都市」の選択

「全画面ボタン」をクリックして「全画面モード」に切り替えてみましょう。

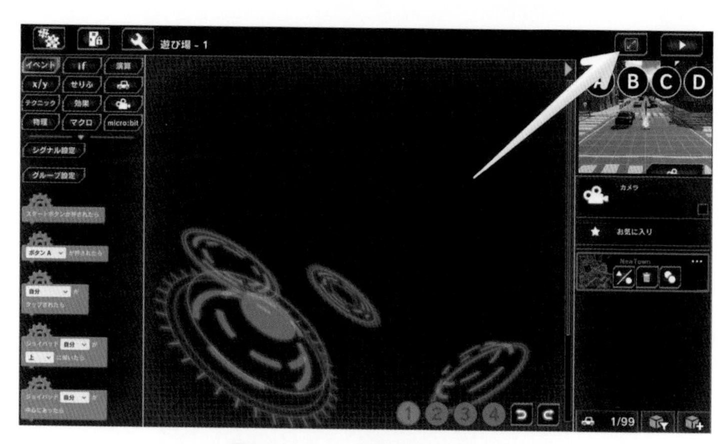

図01-3-11 「全画面ボタン」

「背景」が「都市」に変更されています。

図01-3-12 背景「都市」

交差点の中央に表示されている物体は**「コンパス」**です。

「背景」の原点（座標が「x=0, y=0, z=0」の場所）と、「X軸」「Y軸」「Z軸」の向きを表わしています。

※「Mind Render」は3次元の座標を扱うので、「原点の位置」と「軸の向き」は非常に重要です。

図01-3-13　コンパス

*

それでは、カメラを操作して、「都市」を散策してみましょう。
各地にさまざまなオブジェがあるので、見て回るだけでも楽しめます。

図01-3-14　背景「都市」の全景

図01-3-15　背景「都市」の風景

画面右上に表示されている「3次元アイコン」をクリックすることで、「カメラ・アングル」を「90」度単位で回転させることができます。

図01-3-16　3次元アイコン

「3次元アイコン」は、とくに「背景」を真上から見下ろしたいときによく使うので、覚えておいてください。

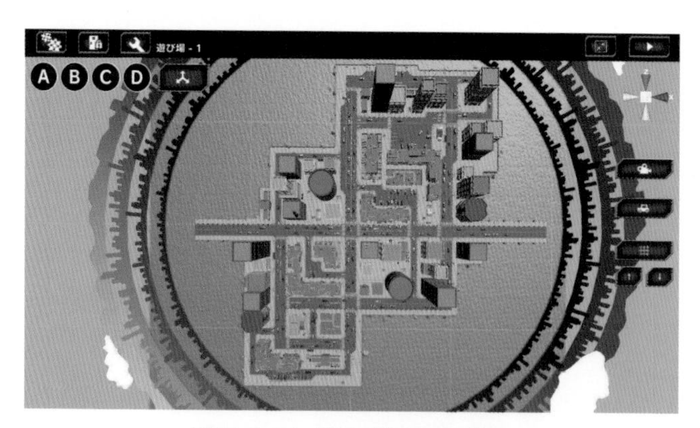

図01-3-17　真上からのアングル

また、カメラをいろいろと操作したせいで、「場所」や「向き」が分からなくなってしまうことがよくありますが、画面右端の**「カメラ初期化」ボタン**を押せば、いつでもカメラの「位置」と「角度」を初期状態に戻すことができます。

図01-3-18 カメラ初期化ボタン

■「オブジェクト」の追加

次の練習に進みます。

新しい「オブジェクト」を追加してみましょう。

「オブジェクト」とは、ゲームの世界に登場するさまざまなモノのことです。

[手順] 「オブジェクト」を追加する

[1] 画面右下の「追加ボタン」をクリックしてください。

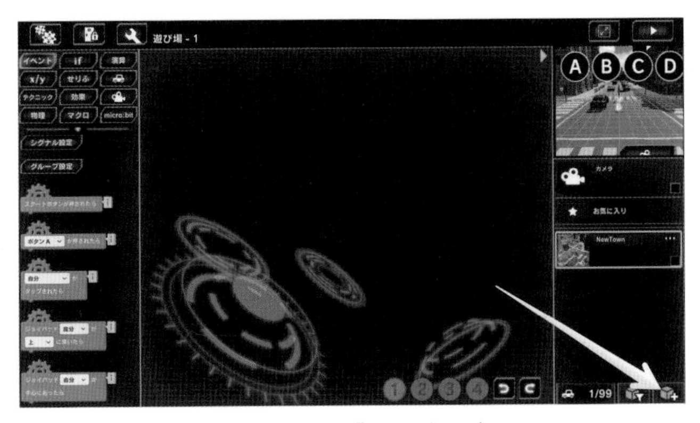

図01-3-19 「追加ボタン」

オブジェクトの候補がたくさん表示されます。

※画面上端のタブをクリックすることで、「オブジェクトの種類」を切り替えることもできます。

[2]「車（青）」の右下に表示されている、「虫めがね」のアイコン（詳細ボタン）をクリックしてください。

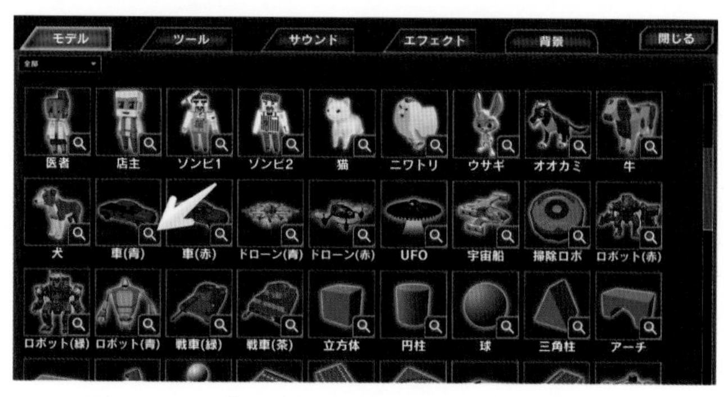

図01-3-20 「オブジェクト選択画面」の「詳細ボタン」

[3]「オブジェクト詳細画面」が表示されます。

この画面では「拡大」や「回転」もできるので、どのようなオブジェクトなのかを詳しく確認することができます。

図01-3-21 オブジェクト詳細画面

確認できたら、「閉じる」ボタンをクリックしてください。

[4]「オブジェクト選択画面」に戻ったら、モデル「車（青）」をクリックしてみましょう。

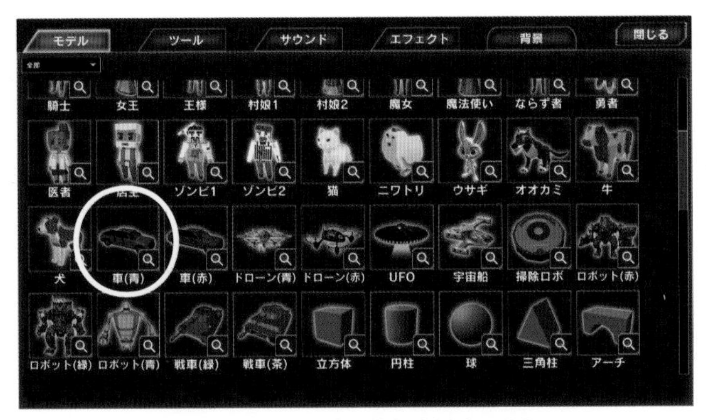

図01-3-22　モデル「車（青）」の追加

「全画面」ボタンを押して、「全画面モード」に切り替えてください。

「コンパス」の位置に、「車（青）」が追加されているはずです。

図01-3-23　「全画面モード」

このようにオブジェクトをどんどん追加しながら、ゲームを作っていきます。

＊

新しく追加されたオブジェクトは「コンパス」の位置に出現するので、適切な場所へ移動させる必要がありますが、オブジェクトを移動する方法は**次章**で説明します。

1-4 プログラムの保存

■ロッカー

ここまでの作業は「Mind Render」に「自動保存」されているので、いったん「Mind Render」を終了させても、起動画面で「前回の続き」を選べば、そのまま作業を継続できます。

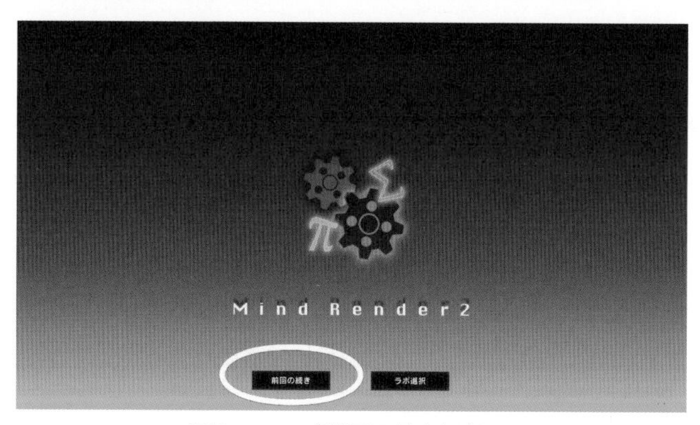

図01-4-1 「前回の続き」ボタン

いったん別の作業をした後でも、「遊び場」をクリックした際に表示される「続きから」ボタンをクリックすれば、以前の続きから始めることができます。

さらに、「作ったプログラムに名前をつけて管理したい」場合や、「他のデバイスで起動したい」場合、または「誰かにプログラムを渡したい」場合は、オンラインの「ロッカー」機能を使うと便利です。

ただし、この「ロッカー」を使うには、オンラインで「ユーザー登録」をしておく必要があります。

とはいえ、**登録は無料で手順も簡単なので、登録可能な「メール・アドレス」があるなら、ぜひ登録**してみましょう。

[手順] 「ロッカー」を登録する

[1] まずは、画面上部の「ロッカー・ボタン」をクリックしてください。

図01-4-2 「ロッカー・ボタン」

[2]「ロッカー」のメニューが表示されるので、「新規登録」をクリックしましょう。

図01-4-3 「ロッカー」のメニュー画面

[3]「新規登録画面」で「メール・アドレス」を入力し、「新規登録ボタン」を押してください。

図01-4-4 ロッカーの「新規登録画面」

[4] しばらくすると、登録した「メール・アドレス」に確認用のメールが届くので、メール内のリンクをクリックして「パスワード」を設定すれば登録完了です。

図01-4-5 「Mind Render」会員登録画面

[5] 登録が完了したら、「ロッカー」の「ログイン画面」で「メール・アドレス」と「パスワード」を入力すれば、「ロッカー」が使えるようになります。

■ 保存画面

「ロッカー」を使うと、自分の「プログラム」に名前をつけて、「サーバ」に保存できます。

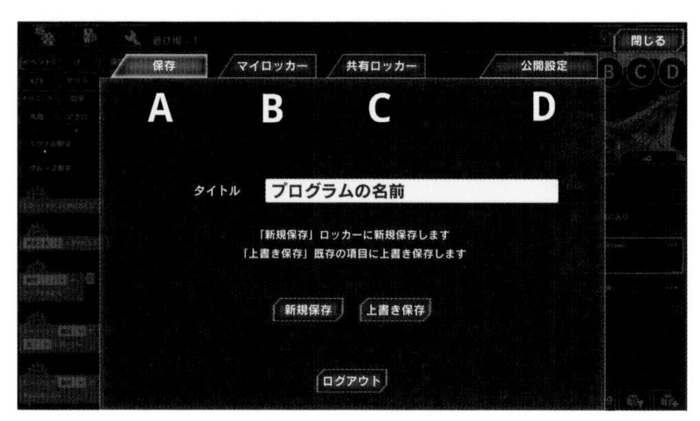

図01-4-6　保存画面

A：「保存」タブ

プログラムを「マイロッカー」に保存します。

B：「マイロッカー」タブ

「ロッカー」に保存されているプログラムがリスト表示されます。

C：「共有ロッカー」タブ

「公開キー」を入力することで、「共有」されたプログラムを「サーバ」から読み込みます。

D：「公開設定」タブ

「ロッカー」のプログラムを他のユーザーと共有できます。

「プログラム」は「サーバ」に保存されるので、別のデバイスからログインした場合でも、読み込めます。

■ マイロッカー画面

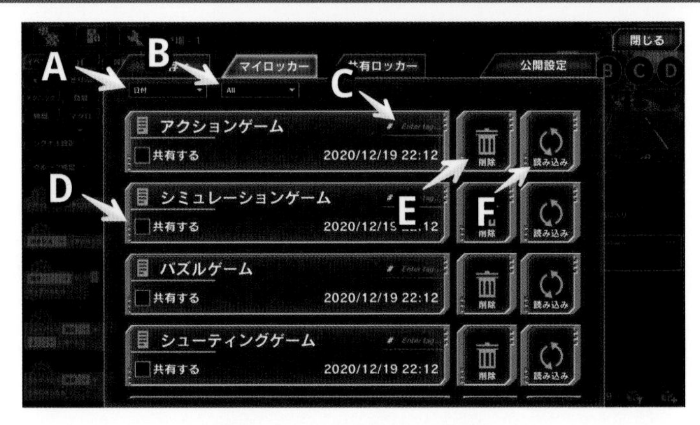

図01-4-7 マイロッカー画面

A：ソート
　プログラムの「リスト」を並べる順番を切り替えます。

B：フィルター
　「タグ」を指定することで、表示するプログラムを絞り込みます。

C：タグ
　プログラムの「分類名」を入力しておくことで、「フィルター（B）」で表示するプログラムを絞り込むことができます。

D：「共有」チェック・ボックス
　ここをチェックしたプログラムは、「公開設定」で公開されます。

E：「削除」アイコン
　プログラムを「マイロッカー」から削除します。

F：「読み込み」アイコン
　ここをクリックすると、「マイロッカー」からプログラムが読み込まれます。

第2章

「ドライブ・ゲーム」を作ってみよう

ゲーム作りの基本的な練習を兼ねて、シンプルな
「ドライブ・ゲーム」を作ります。

2-1 「ドライブ・ゲーム」の準備

■ ゲームの詳細

以下のようなゲームを作ります

・ルール

コースを1周したら「ゲーム・クリア」。
高速で障害物に衝突したら「ゲーム・オーバー」。

・操作方法

方向キー上下：車の前進、後退。
方向キー左右：車の回転。

図02-1-1　完成イメージ

作るプログラムはわずかですが、立派にゲームとしてプレイ可能です。

このゲームを作ることで、(a)**オブジェクトをゲームの中に配置する方法**と、(b)**キーボードからの入力で車を走らせるプログラムの作り方**を学びます。

■「背景」の変更

まずは準備から始めます。

初期状態の「遊び場」で、「背景」を変更しましょう。

[手順] 「背景」を変更する

[1]「オブジェクト・リスト」にある「背景」の「…」をクリックし、「変更」ボタンをクリックしてください。

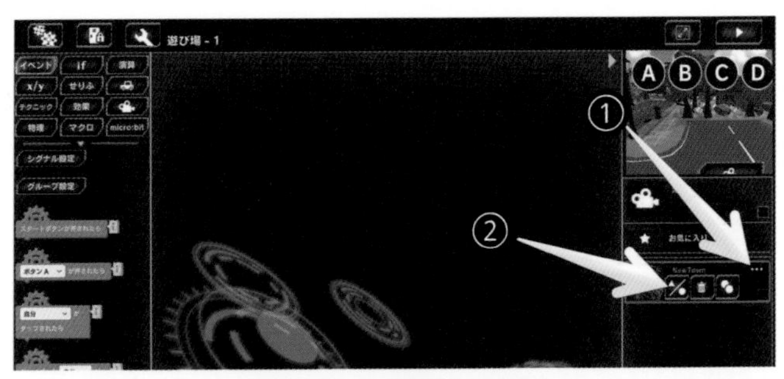

図02-1-2 「背景」の変更

[2]「背景」の候補の中から「トラック(四角)」を選んでください。

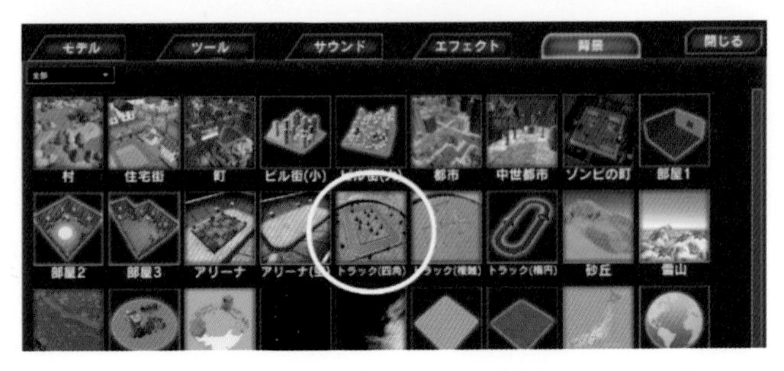

図02-1-3 背景「トラック(四角)」の選択

[3]「全画面モード」に切り替えてみましょう。

「背景」が変更されているはずです。

図02-1-4　全画面モード

「背景」の原点には「コンパス」が表示されています。

図02-1-5　「コンパス」

カメラを後退させ、背景「トラック（四角）」の全体像を確認しておきましょう。

図02-1-6　背景「トラック（四角）」の全景

■ オブジェクトの追加

次に、**「車のオブジェクト」をゲームに追加**してみましょう。

＊

[手順]　「車のオブジェクト」を追加する

[1]「小画面モード」の右下にある「追加ボタン」をクリックしてください。

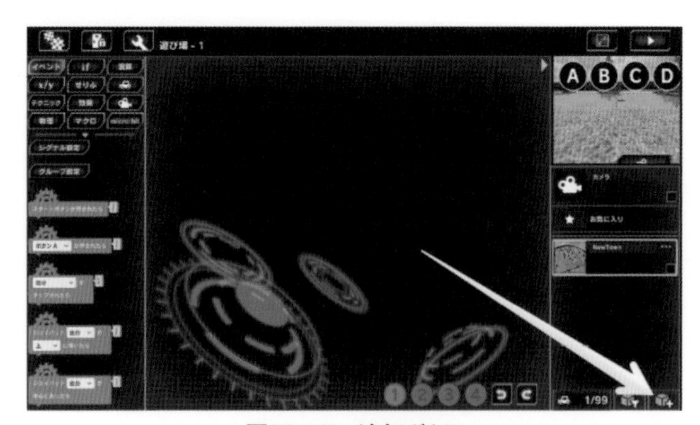

図02-1-7　追加ボタン

[2]「オブジェクト選択画面」から、モデル「車（青）」を選んでください。

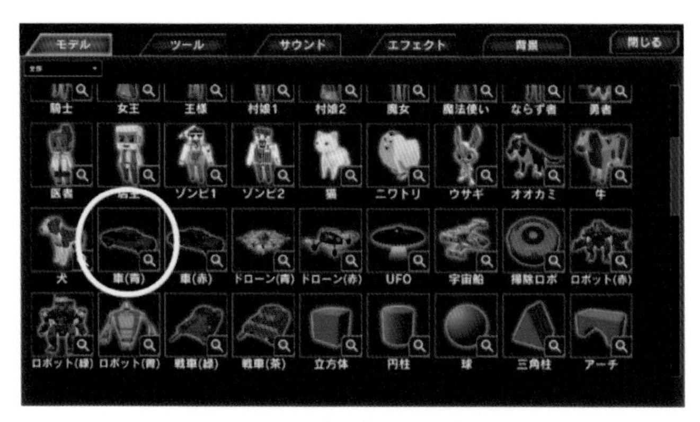

図02-1-8　モデル「車（青）」の追加

[3]「オブジェクト・リスト」に「車（青）」が追加されているはずです。

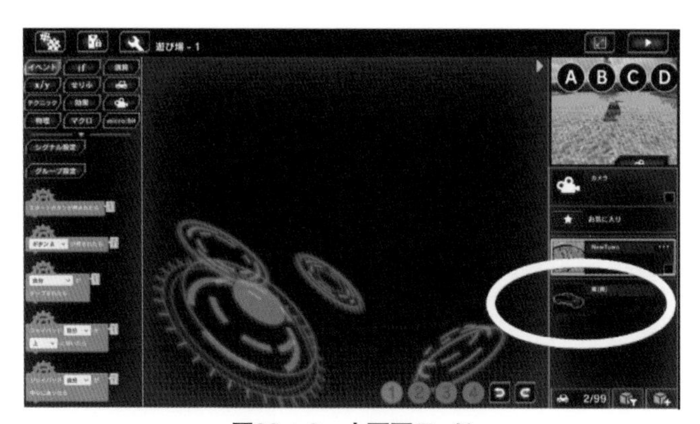

図02-1-9　小画面モード

図02-1-10のように「車（青）」の右下にある「チェック・ボックス」をチェックすると、「3行3列」の数列が表示されます。

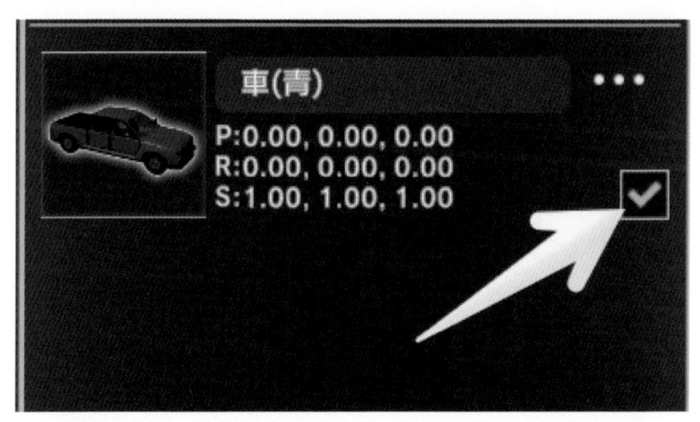

図02-1-10 「オブジェクト・リスト」の「チェック・ボックス」

この数列は、**1行目**がオブジェクトの「**座標**」、**2行目**が「**角度**」、**3行目**が「**大きさ**」を表わしており、3つの列は、左から、「X軸」「Y軸」「Z軸」の値です。

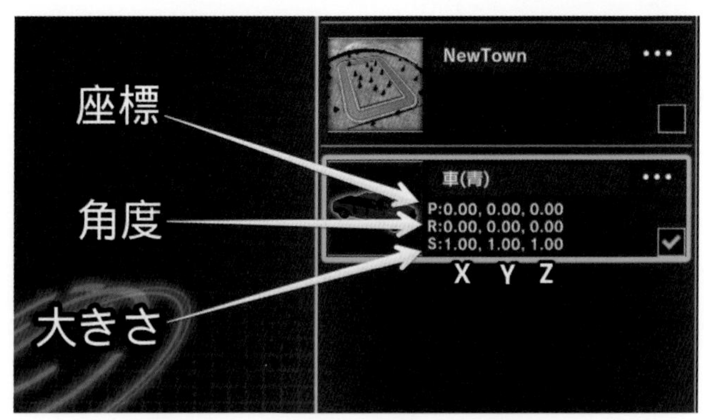

図02-1-11 「オブジェクト・リスト」の数列

1行目の座標はすべて「0.00」になっているので、「車(青)」が原点にあることが分かります。

＊

いったん「全画面モード」に切り替えて確認してみましょう。

※「車(青)」は「コンパス」と重なった状態で表示されています。

図02-1-12 「車（青）」の位置の確認

再び「小画面モード」に切り替え、「車（青）」の数列を見てみましょう。

2行目の角度も、すべてが「0.00」になっています。

この場合、「車（青）」は「背景」に対して並行で、「Z軸」の正方向を向いた状態です。

図02-1-13 「車（青）」の角度

数列**3行目**の「大きさ」は、すべて「1.00」になっています。

これは「X軸方向」「Y軸方向」「Z軸方向」に対してすべて「1」倍。

つまり、「普通の大きさ」であることを表わしています。

※あとで説明しますが、「Mind Render」はオブジェクトのサイズを自在に変えることもできるのです。

■ オブジェクトの移動

[手順]　オブジェクトを移動させる

[1]「全画面モード」に切り替え、「車（青）」をクリックしてください。

図02-1-14　「移動ギズモ」

直行した3本の矢印が表示されました。

このようなアイコンを**「ギズモ」**と呼び、いろいろな種類がありますが、今回表示されたのは、**「移動ギズモ」**です。

「移動ギズモ」を手動で操作することで、オブジェクトの移動が可能になります。

3色の矢印は、それぞれ、「X軸」「Y軸」「Z軸」の向きを表わしています。

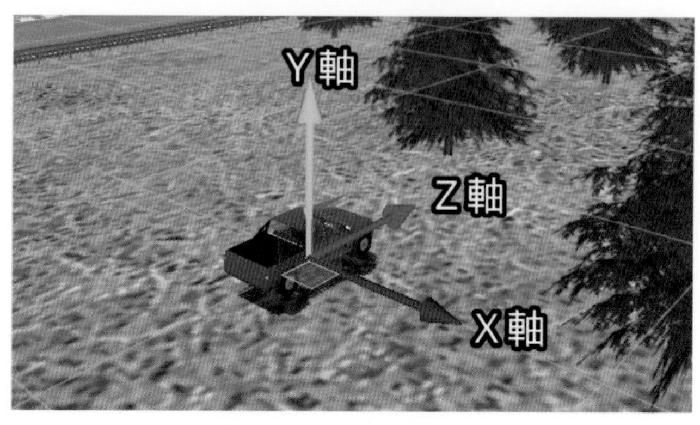

図02-1-15　「移動ギズモ」

[2]「移動ギズモ」を使って、「車（青）」を右側の道路の上へ移動させてみましょう。

※まずは周囲が見渡せるように、カメラを後退させておいてください。

図02-1-16　カメラの調整

[3]「移動ギズモ」の**「赤い矢印」**をマウスで右方向にドラッグして、車を道路まで移動させてみましょう。

図02-1-17　「X軸」方向の移動

[4]続けて**「緑の矢印」**をドラッグし、道路から少し高い位置まで車を持ち上げてください。

図02-1-18 「Y軸」方向の移動

なぜ車を少し持ち上げたのかというと、車の位置が地面より低いと、プログラムをスタートさせた際に、車が「地面の下」に落下してしまうからです。

地面の下には何もないので、果てしなく落下してしまいます。

そこで、車を道路より高い位置に配置しておけば、プログラムのスタートと同時に車は落下し、道路の上に確実に着地します。

＊

「スタート・ボタン」をクリックし、プログラムをスタートさせてみましょう。

まだ何もプログラムを作っていませんが、「スタート・ボタン」を押すことで「Mind Render」の「物理エンジン」が動作します。

図02-1-19 「スタート・ボタン」

車は重力で落下し、地面の上に乗ったはずです。

図02-1-20 地面に着地した「車（青）」

プログラム動作中、「スタート・ボタン」は**図02-1-21**のように「オレンジ色の枠」で囲まれます。

プログラムが動いているとオブジェクトを操作することができないので、もう一度「スタート・ボタン」をクリックして、プログラムを停止させてください。

図02-1-21 「スタート・ボタン」（プログラム動作中）

「小画面モード」で「車（青）」の座標を確認してみましょう。
初期状態から変化しているはずです。

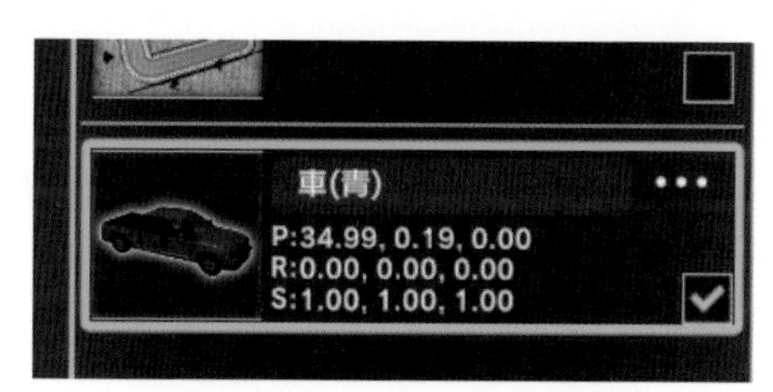

図02-1-22 「車(青)」の座標

※「向き」や「大きさ」は変えていないので初期状態と同じですが、「座標」は変わっています。

手動で移動させたので、細かい数値は場合によって異なりますが、図02-1-22を見ると、「X軸」の値が「35」ぐらいに増えていることが確認できます。

原点から「X軸方向」に手動で動かした距離が、約「35」だったということです。

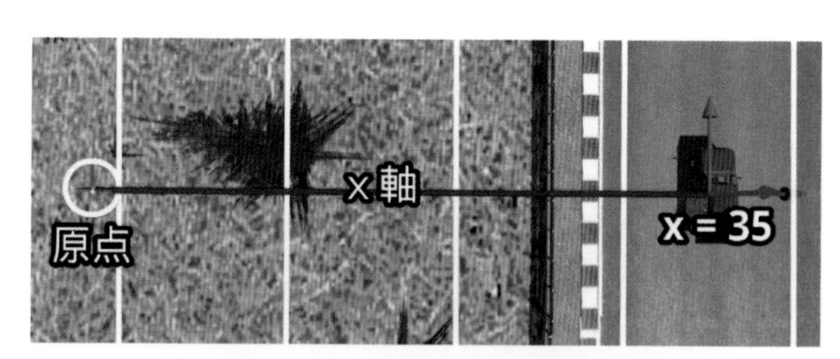

図02-1-23 「車(青)」の移動距離

なお、「Y座標」が約「0.2」になったのは、車を地面に落下させたためです。

この地面は原点から「0.2」の高さにあるようです。

＊

今回は手動で移動させましたが、今後はプログラムで移動させることが多くなるので、座標を意識しておくことが大切です。

＊

さて、次はいよいよ**「プログラミング」**にとりかかります。

カメラを移動して、車が見やすいように調整しておきましょう。

図02-1-24 カメラの調整

2-2 「ドライブ・ゲーム」の基本プログラム

■ 車の初期設定

それでは基本的な「プログラミング」にとりかかります。

まずはプログラム開始直後に、車の「位置」と「角度」をセットするプログラムを作ってみましょう。

このプログラムを作っておけば、ゲームの中で車を移動させたとしても、プログラムを再スタートさせることで、車を最初の状態に戻すことができます。

*

「Mind Render」はオブジェクトの中にプログラムを書くので、最初にオブジェクトを選択する必要があります。

プログラムはどのオブジェクトの中に入れてもいいのですが、「車を動かすプログラム」は車オブジェクトの中にあったほうが分かりやすいので、今回は「車（青）」を選びます。

＊

[手順] 車の「位置」と「角度」をセットするプログラムを作る

[1]「オブジェクト・リスト」の「車（青）」をクリックし、周囲が「水色」で囲まれた状態にしてください。

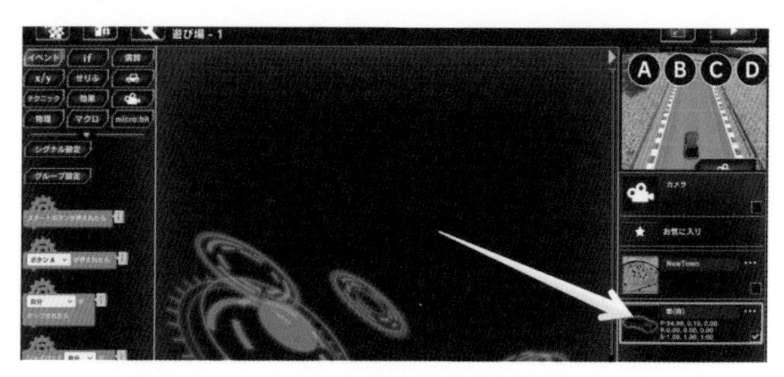

図02-2-1 プログラムを入れるオブジェクトの選択

[2]画面左上の「カテゴリー・エリア」で「イベント」と書かれたボタンをクリックしてください。

　すると、その下の「命令ブロック・エリア」に「イベント・ブロック」が表示されます。

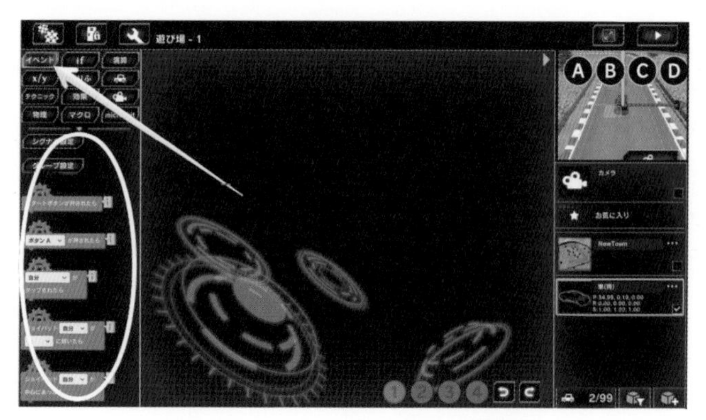

図02-2-2 イベント・ブロックの選択

「イベント・ブロック」は、「何かが起きたら次のブロックを実行しなさい」という命令です。

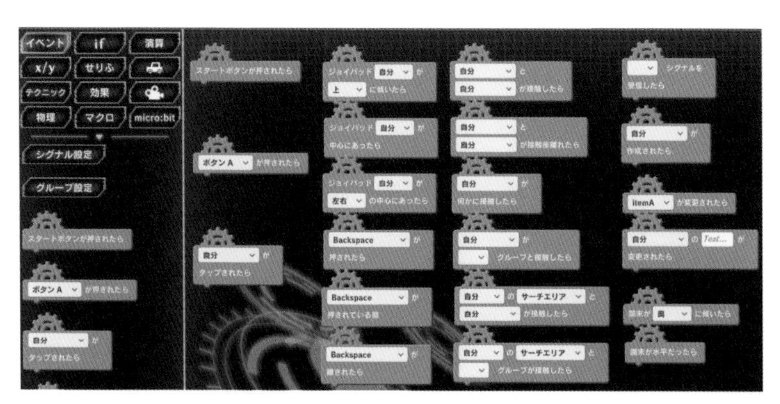

図02-2-3　「イベント・ブロック」の例

[3]「命令ブロック・エリア」から、イベント・ブロック、**「スタート・ボタンが押されたら」**を、「プログラミング・エリア」にドラッグしてください。

ブロックを上手くドラッグできないときは、「斜め」ではなく「真横」に引っ張るようにすると上手くいきます。

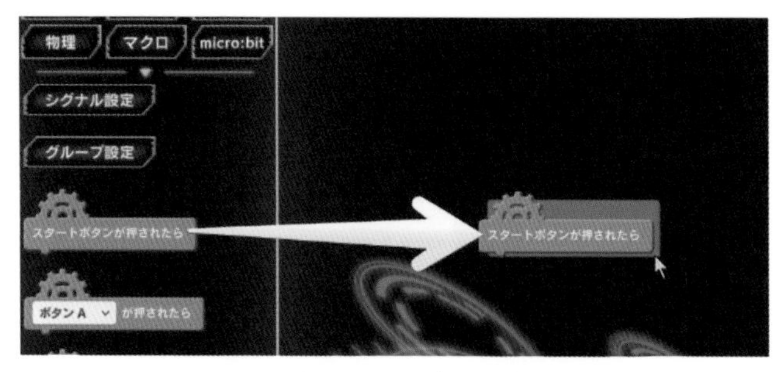

図02-2-4　「イベント・ブロック」のドラッグ

[4]「カテゴリー・エリア」の「車の絵が描かれたボタン」をクリックして、「命令ブロック・エリア」に「オブジェクト・ブロック」を表示してください。

「オブジェクト・ブロック」は、オブジェクトの状態を設定したり、変えたりする命令です。

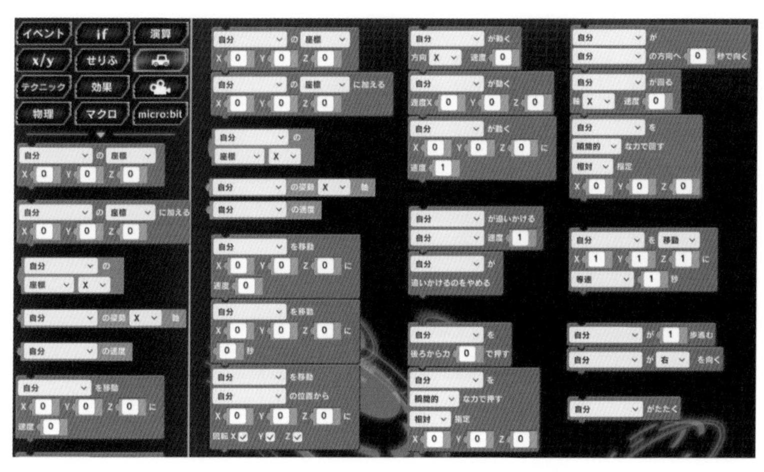

図02-2-5 「オブジェクト・ブロック」の例

[5]オブジェクト・ブロック、「**(自分)の (座標)X[ ] Y[ ] Z[ ]**」を2つドラッグし、「スタート・ボタンが押されたら」の下に接続してください。

※厳密に位置を合わせなくても、近い場所でブロックを離せば、"カチッ"とはまってくれます。

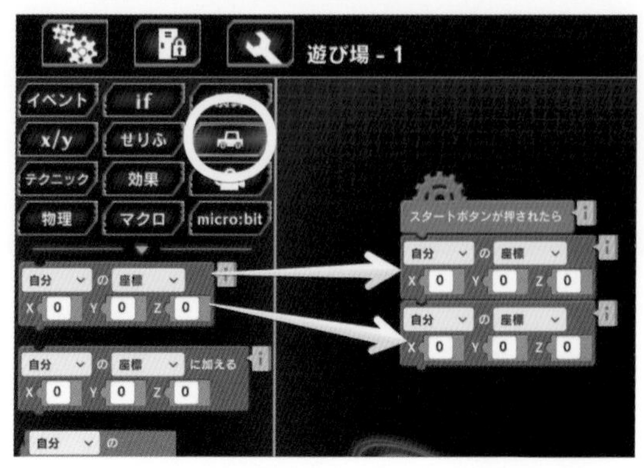

図02-2-6 「オブジェクト・ブロック」のドラッグ

[6]「スタート・ボタン」が押されたら、車を現在の位置に移動させたいので、もう一度「車（青）」の座標を確認します。

図02-2-7 「車（青）」の座標

1つ目の「オブジェクト・ブロック」に数値を入力し、「車（青）」の「初期座標」を設定しましょう。

座標はだいたい合っていればいいので、数値を「整数」に繰り上げて入力します。

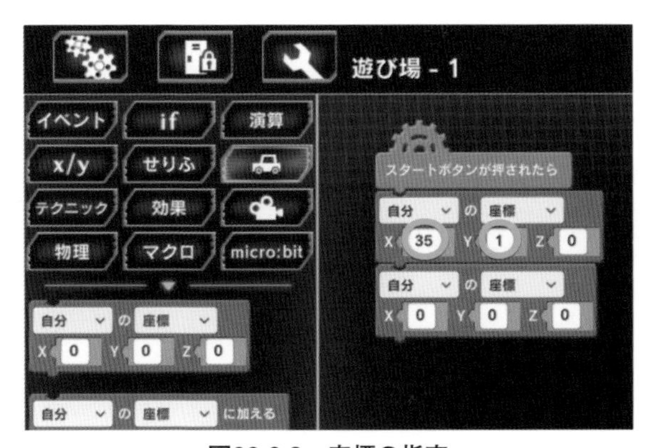

図02-2-8 座標の指定

[7]一方、2つ目の「オブジェクト・ブロック」では「車（青）」の角度を指定したいので、「（座標）」と書かれた場所をクリックし、「プルダウン・メニュー」から「角度」を選択してください。

※「角度」は初期状態のままでいいので、数値は入力せずそのままにします。

図02-2-9　「角度」の設定

これで、"「スタート・ボタン」が押されたら、「車（青）」の座標を（x=35, y=1, z=0）にセットし、「角度」を（x=0, y=0, z=0）にセットするプログラム"が出来ました。

*

プログラムが動作することを確認するため、「全画面モード」に切り替えて「移動ギズモ」をドラッグして、いったん「車（青）」の位置を移動させておいてください。

図02-2-10　「車（青）」を手動で移動

*

それでは、画面右上の「スタート・ボタン」を押してプログラムを実行してみましょう。

「車（青）」が元の場所に戻ったら、先ほど作ったプログラムが正常に動作した証拠です。

また、「高さ」(Y座標)は地面より少し高い位置に設定したので、重力に引かれて車体が着地する様子も、確認できると思います。

図02-2-11 プログラム実行結果

＊

最初のプログラムが完成しましたね。
おめでとうございます。
この調子で進めていきましょう。

※なお、プログラムを停止するには「スタート・ボタン」をもう一度押してください。

Column なぜ、「車(青)」ではなく、「自分」なのか

ところで、ブロックの中に「自分」と表示されていることが多いですね。

＊

「自分」とは、そのプログラムが置かれているオブジェクト自身のことを指します。

つまり、今回の場合は「車(青)」です。

したがって「自分」と書かれている部分を「車(青)」に変えてもプログラムはまったく同じ動作をします。

だったら、なぜ「車(青)」とせずに「自分」にしているのかというと、そうすることでプログラムが汎用的になるからです。

もし「車(青)」と具体的に指定してしまうと、そのプログラムは「車(青)」にしか通用しません。

将来このプログラムを別のオブジェクトにコピーした場合、「車(青)」と書かれていたところを全部書き換えなくてはならなくなります。

しかし「自分」としておけば、オブジェクトの種類にかかわらず、同じプログラムがそのまま動く、というわけです。

■ 車を前後に動かすプログラム

止まったままでは面白くないので、こんどは車を動かしてみましょう。

*

キーボードの「上下キー」を押すことで、「車を前後に走らせるプログラム」を作ります。

[手順] 車を前後に走らせるプログラム

[1]「コマンド・エリア」から、イベント・ブロック、「**(Backspace)が押されたら**」を2つ、「プログラミング・エリア」にドラッグしてください。

※これは、キーボードのキーが押されたときに発動するプログラムを記述するブロックです。

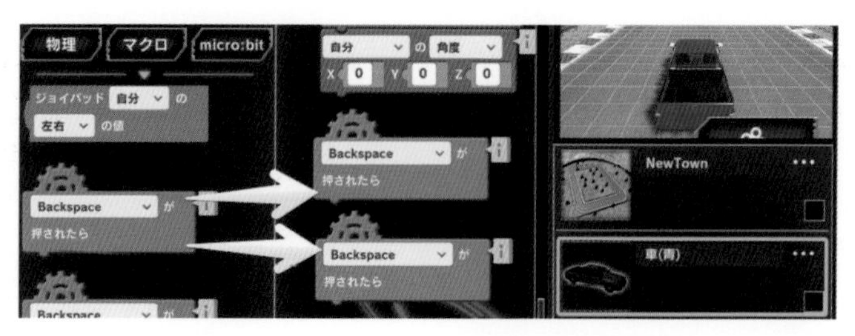

図02-2-12 「イベント・ブロック」のドラッグ

[2]方向キーの「上」が押されたときは車を前進させ、「下」が押されたときは後退させたいので、「(Backspace)」と表示されている部分をクリックし、「プルダウン・メニュー」から「UpArrow(上矢印)」と「DownArrow(下矢印)」をそれぞれ選んでください。

図02-2-13 方向キーの設定

[3]オブジェクト・ブロック「(自分)が動く/方向(X)速度[0]」を2つ「プログラミング・エリア」にドラッグし、先ほどの「イベント・ブロック」に接続してください。

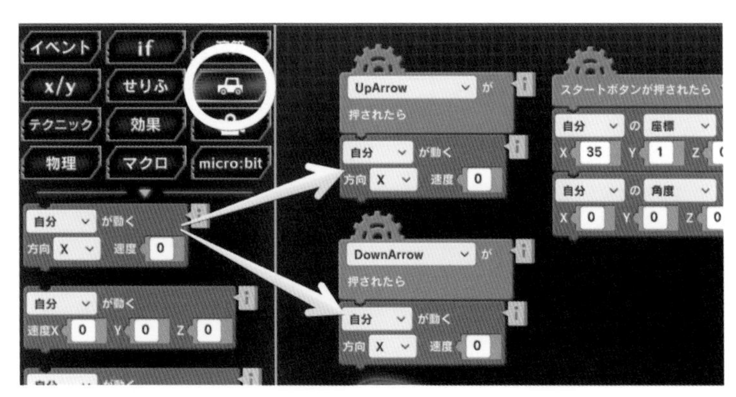

図02-2-14 「オブジェクト・ブロック」の接続

[4]初期状態では「方向」は(X)、「速度」は[0]になっていますが、「方向」を(Z)、「速度」を[1]と[-1]に変更してください。

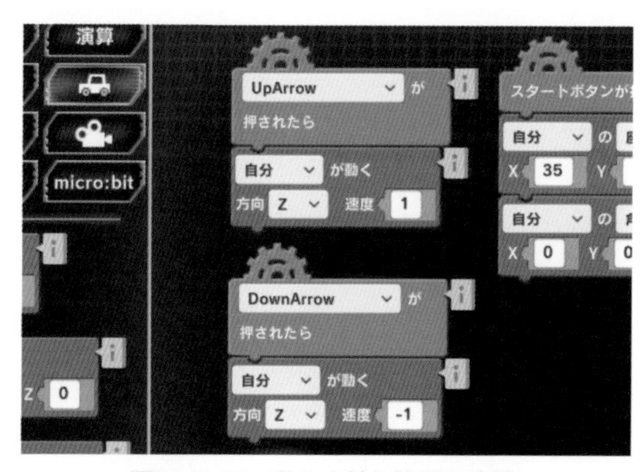

図02-2-15　動かす軸と数値の変更

ここで指定している「方向」は「車（青）」にとっての主観的な方向です。

「車（青）」が「背景」に対してどんな向きを向いていようとも、**常に前方が「Z方向」**になります。

速度「1」で動けと命令すれば、「車（青）」は前方にゆっくりと進みますし、「-1」で動けと「負の数」を指定すれば、「車（青）」は後退します。

図02-2-16　オブジェクトの主観的な方向

「スタート・ボタン」を押してプログラムを実行し、キーボードの「上下キー」で車を動かしてみましょう。

図02-2-17　プログラム実行結果

■「カメラ」を車にとりつけるプログラム

現状では車を遠くまで走らせると視界から出てしまうので、「カメラ」が車と連動して移動するように設定してみましょう。

[手順]　「カメラ」と車を連動して移動させる

[1]「カテゴリー・エリア」で「カメラの絵が描かれたボタン」をクリックすると、「命令ブロック・エリア」に「カメラ・ブロック」が表示されるので、**「カメラを（自分）の（前）につける」**をドラッグして「**スタート・ボタンが押されたら**」の下に接続してください。

初期状態では、「カメラ」は車の運転席あたりにとりつけられます。

遊ぶときはこのままでもよいのですが、プログラミングする場合は車体が画面に映っていないと状況が分かりづらいので、「（前）」を「（後ろ）」に変更しておきましょう。

すると、「カメラ」は車体のちょっと後ろあたりに配置されるので、車体がよく見えるようになります。

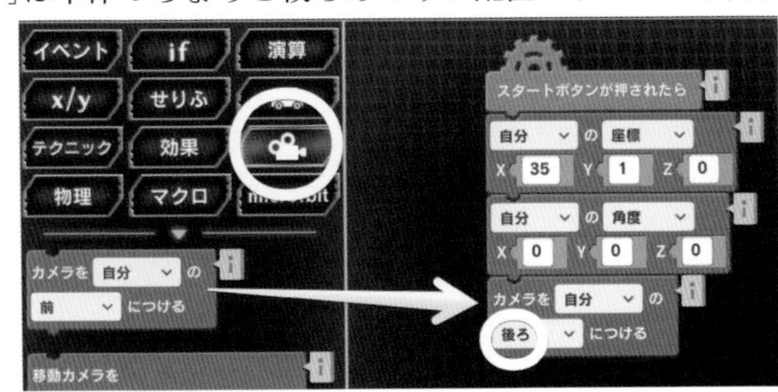

図02-2-18
「カメラ」の設定

[2]プログラムをスタートさせ、「カメラ」が車体に固定されていることを確認しましょう。

※車を前進、後退させても「カメラ」が追従するため、常に車体が表示されるはずです。

図02-2-19 プログラム実行結果

■ 車の方向を変えるプログラム

前後に動かすだけでは面白くないので、次はキーボードの「左右キー」で車の「向き」が変わるようにしましょう。

[手順] 車の「向き」を変える

[1]イベント・ブロック「**(Backspace)が押されたら**」と「**(Backspace)が離されたら**」を2つずつ「プログラミング・エリア」にドラッグし、「(Backspace)」を「左キー(LeftArrow)」と「右キー(RightArrow)」にそれぞれ変更してください。

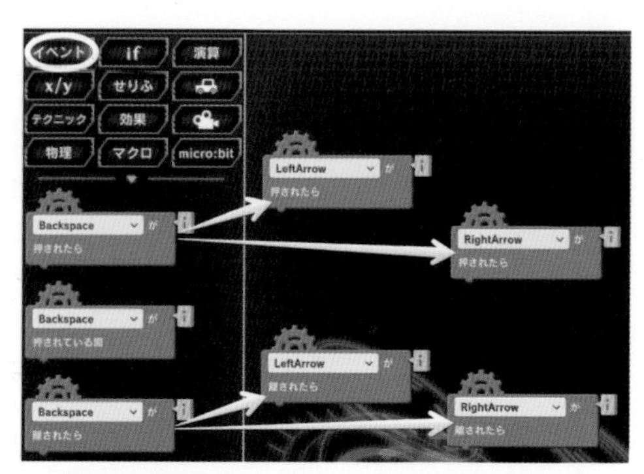

図02-2-20 「イベント・ブロック」のドラッグ

[2]次に、オブジェクト・ブロック,「**(自分) が回る / 軸 (X) 速度[0]**」を選んで「イベント・ブロック」に接続し、**図02-2-21**のように「軸」と「速度」を設定してください。

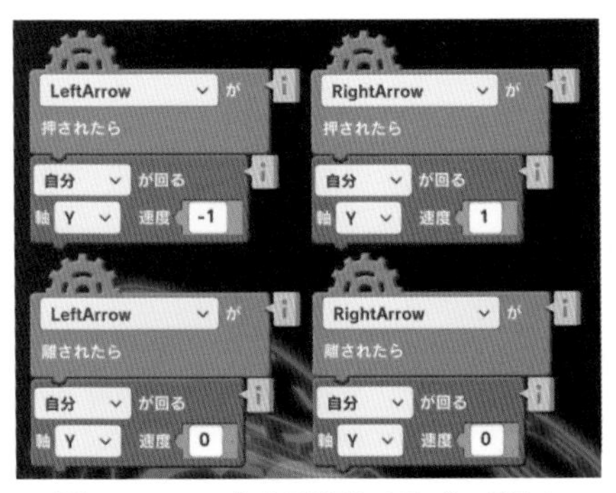

図02-2-21　車を回転させるプログラム

※Y軸は「上下方向の軸」なので、Y軸で回転させればハンドルを切ったときのように車を回すことができるわけです。

回転速度として「正の値」を設定すれば「時計回り」に、「負の値」なら「反時計回り」に回転します。

プログラムをスタートさせてプレイしてみましょう。

図02-2-22　プログラム実行結果

■「加速度」の追加

「速度が遅すぎて少し物足りないな」と感じたら、**図02-2-23**のプログラムを追加してみましょう。

「上方向キー」を押しっぱなしにしていると、どんどん速度が増していくようになります。

たったこれだけの改良でも、かなりゲーム性が上がります。

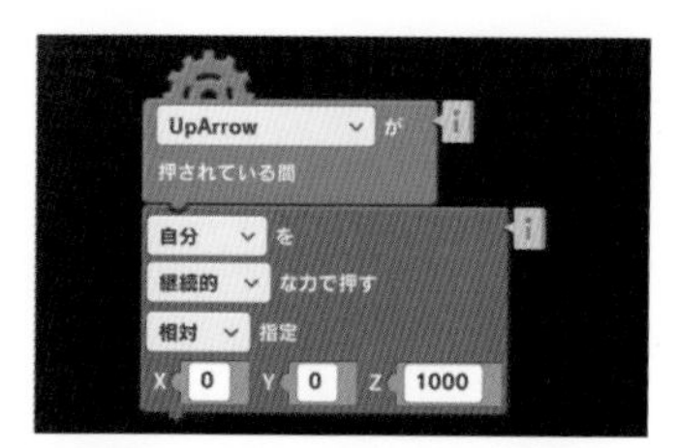

図02-2-23　加速度の追加

2-3 「ドライブ・ゲーム」の仕上げ

■背景の変更

四角形のコースでは単純過ぎるので、背景を「トラック（複雑）」に変えてみましょう。

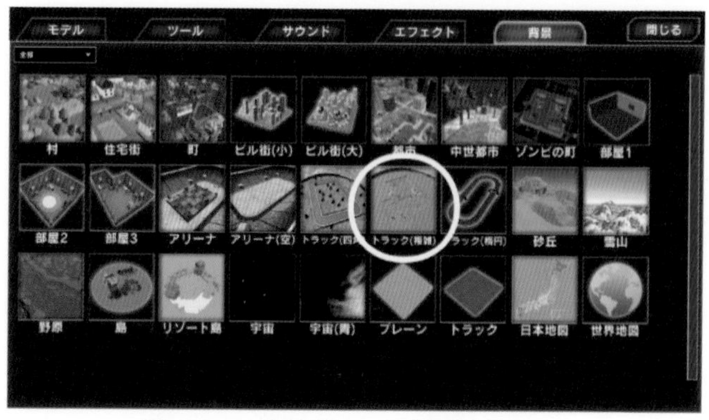

図02-3-1　背景「トラック（複雑）」の選択

「トラック（複雑）」は大きなサーキットで、「ヘアピンカーブ」「S字カーブ」「シケイン」「立体交差」などが含まれています。

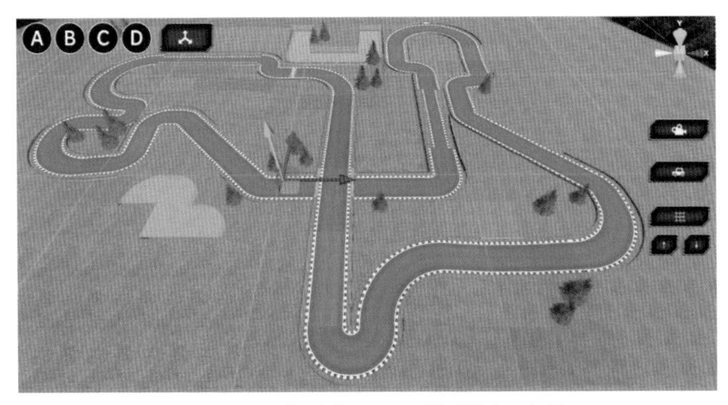

図02-3-2　背景「トラック（複雑）」の全景

＊

「車（青）」がどこへ行ったのか探してみましょう。

「背景」は変わりましたが「車（青）」の座標は以前のままなので、どこかに隠れてしまっているかもしれません。

※オブジェクトを見失ってしまった場合は、「オブジェクト・リスト」の「チェック・ボックス」をチェックして「数列」を表示し、「数列」の上をクリックしましょう。

「カメラ」が自動的にオブジェクトを捉え、「ギズモ」が表示されます。

図02-3-3　数列をクリック

「車（青）」の「移動ギズモ」をドラッグし、「スタート地点」としてよさそうな場所に移動させましょう。

「車（青）」が地面の下に潜っている場合は、「緑の矢印」をドラッグして高度を上げれば、周囲の風景が見えるようになります。

図02-3-4　「移動ギズモ」による車の移動

ただ、これだけでは「向き」が道路に合っていないので、「車（青）」を回転させることにしましょう。

[手順]　車の向きを変える

[1]画面上端の「操作切り替えボタン」をクリックし、絵柄を**「回転」**（矢印が円を描いた図形）に変えてください。

[2]「回転」状態で「車（青）」をクリックすると、**「回転ギズモ」**（3色の輪が直行した形）が表示されます。

今回は「Y軸方向」の角度を変えたいので、「緑色の輪」をドラッグし、向きを調整してください。

図02-3-5　回転ギズモ

[3]「スタート位置」を決めたら「小画面モード」に戻り、「座標」と「角度」の値を設定しましょう。

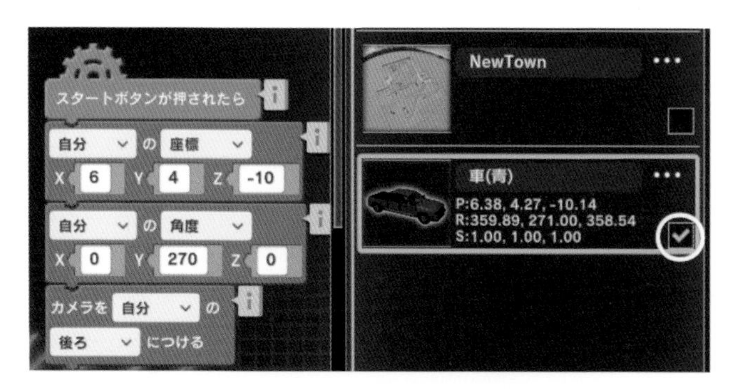

図02-3-6　「座標」と「角度」の初期値の設定

手動で「場所」と「角度」を決めたので、数列は小数点以下も含まれた数値になっていますが、ブロックに入力する場合は整数に丸めて入力しています。

＊

プログラムをスタートさせ、実際に走らせてみましょう。

スピードが乗ってくると、路肩に少し乗り上げただけでも車はひっくり返ってしまうので、なかなかやりごたえがあると思います。

図02-3-7 プログラム実行結果

■ ゲーム・クリア処理

もうちょっとゲームらしくするために、完走したら「ゲーム・クリア」と表示されるようにしてみましょう。

＊

[手順] 「ゲーム・クリア」と表示する

[1] まずはゴール地点を作ります。

モデル「立方体」を追加してください。

【追加するオブジェクト】 モデル「立方体」

図02-3-8 モデル「立方体」の追加

[2]追加されたオブジェクトは「背景」の原点に出現しますが、背景「トラック（複雑）」の原点は地中にあるため、「立方体」も地下に出現してしまいます。

よって、「立方体」の「移動ギズモ」をドラッグして、「ゴール地点」としてよさそうな場所に移動させましょう。

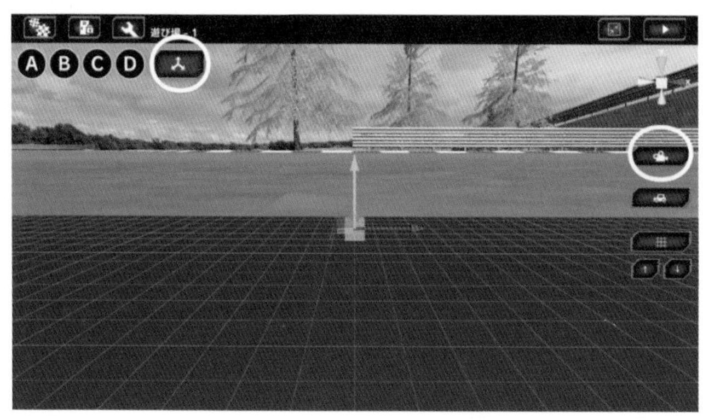

図02-3-9　「立方体」の「移動ギズモ」

ほぼ1周したところでゴールになるように、「ゴール地点」は「スタート地点」の少し後ろあたりに設置するといいでしょう。

図02-3-10　ゴール地点

[3]この立方体に「車（青）」が触れたときにゴールしたと判定したいので、もっと大きくする必要がありそうです。

そこで「操作切り替えボタン」を「大きさ」に切り替え、**「大きさギズモ」**を操作して、立方体が道路の幅より大きくなるように調整してください。

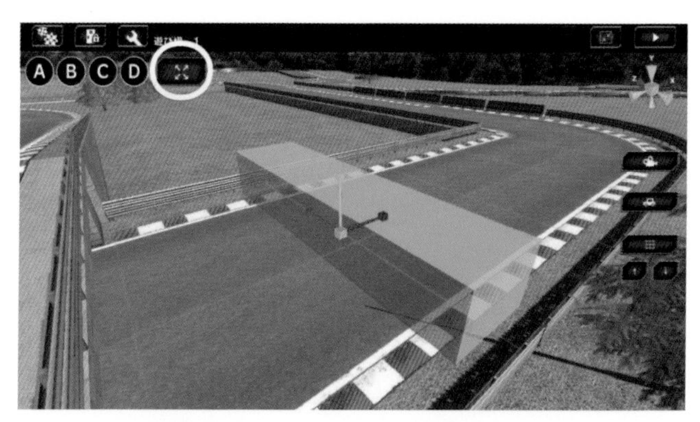

図02-3-11 「立方体」の「大きさギズモ」

[4]続いて、画面に「ゲーム・クリア」と表示するために、ツール「テキスト四角形」を追加してください。

【追加するオブジェクト】
・ツール「テキスト四角形」

図02-3-12 ツール「テキスト四角形」の追加

「ツール・オブジェクト」には他にも「ボタン」や「ジョイパッド」などがあります。

画面に張り付いた平面的なオブジェクトなので、上下左右には移動できますが奥や手前に移動することはできません。

また、「高さ」や「幅」の変更はできますが、「厚み」を変えることはできません。

[5] さて、「テキスト四角形」の中に初期設定のプログラムを入れておきましょう。

図02-3-13 「テキスト四角形」の初期設定

ツールの場合、座標の原点（x=0, y=0）は画面中央で、「Z座標」は無効です。

「大きさ」の値を大きくすると、「表示する文字」も連動して大きくなります。

※Z方向の大きさは初期値「0」のままだと、「厚み」がまったくないことになり、文字も表示されなくなってしまうので、「1」と入力しておいてください。

また、「メッセージ・ウィンドウ」が最初から表示されていると邪魔なので、テクニックブロック「（自分）の表示（on）」を「（off）」に変更して、最初は表示されないようにしています。

[6]「ゲーム・クリア処理」の仕上げとして、「立方体」の中にプログラムを作りましょう。

「車（青）」が「立方体」の中を通過しなければならないので、「スタート・ボタン」が押された際の初期設定として、「**（自分）を通過できる**」を「（on）」にしておきます。

[7] また、せっかくなのでサウンド「**クリア2**」も追加し、「ゲーム・クリア」メッセージの表示とともに、鳴るようにしてみましょう。

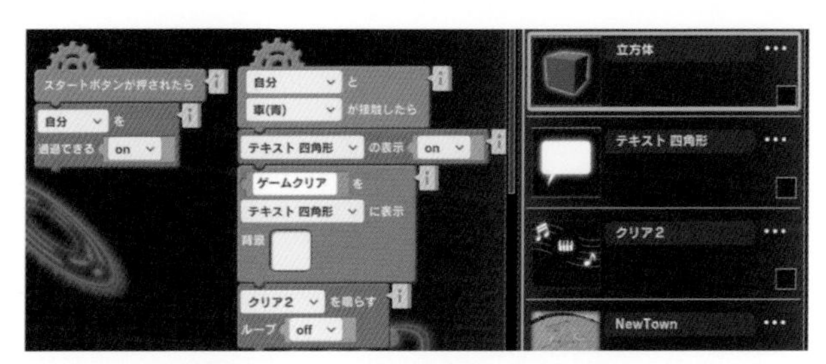

図02-3-14 「立方体」のプログラム

＊

さっそく走らせてみましょう。

「車（青）」が緑色のエリアに接触した瞬間、サウンド「クリア2」が鳴り、画面中央に大きく「ゲーム・クリア」と表示されたら成功です。

図02-3-15 プログラム実行結果

■ ゲーム・オーバー処理

これで終わりにしてもいいのですが、もっとやりごたえのあるゲームにしたいと思う人は、「ガードレール」などにぶつかったら車が爆発するようにしてみましょう。

＊

ただ、「ガードレール」は地面と同じ「背景」なので、少しやっかいです。

単純に「車と背景がぶつかったら爆発する」プログラムを作ってしまうと、「ゲーム・スタート」と同時に爆発してしまいます。

そこで、**「速度が急激に減少」**したら、**「衝突」とみなして爆発する**ようにしてみましょう。

「車（青）」の中にすでに作成ずみのプログラム「スタート・ボタンが押されたら」の下に、**図02-3-16**のブロックを追加してください。

また、演出用にエフェクト「爆発（大）」と、サウンド「爆発（大）」も追加しておいてください。

【追加するオブジェクト】 エフェクト「爆発（大）」 サウンド「爆発（大）」

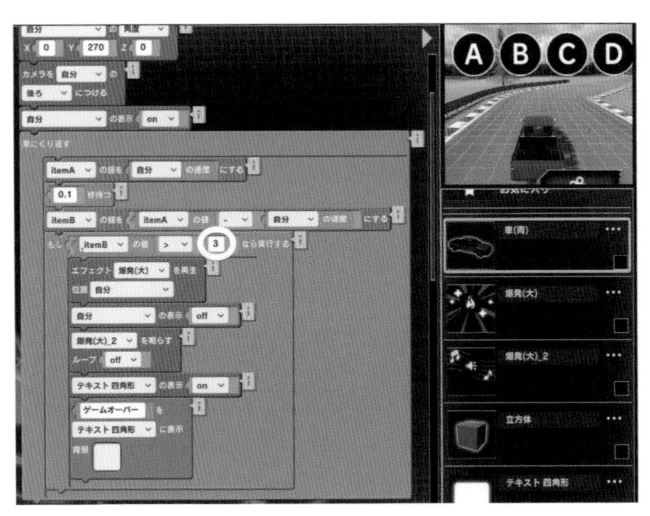

図02-3-16　「車（青）」のプログラム（追加）

「0.1」秒間で速度が「3」よりも低下したらゲーム・オーバーになるように設定していますが、これを「2」にしたら、ちょっとした衝撃でも爆発するようになり、「4」にしたら多少の衝突では爆発しないようになります。

プレイしながら調整してみてください。

＊

プログラムをスタートさせ、プレイしてみましょう。

図02-3-17 プログラム実行結果

■スマートフォン/タブレットの場合

本書ではWindows版を基準に解説していますが、「スマートフォン/タブレット」の場合についても少しだけ触れておきます。

＊

先ほどはキーボードの「方向キー」で車を動かしましたが、「スマートフォン/タブレット」の場合はキーボードがないので「ジョイパッド」を使います。

ツール「ジョイパッド」を追加してください。

【追加するオブジェクト】 ツール「ジョイパッド」

図02-3-18 ツール「ジョイパッド」の追加

「全画面モード」に切り替えると、画面の中央下付近に「ジョイパッド」が出現しています。

「ジョイパッド」をドラッグして操作しやすい位置に移動してください。
画面の「右下」か「左下」に配置して、親指で操作するのがいいと思います。

※なお、プログラムが動作中だとオブジェクトは移動できないので、プログラムはストップしておいてください。

図02-3-19 「ジョイパッド」アイコンの移動

プログラムは「ジョイパッド」専用のブロックを使います。
図02-3-20のプログラムを「車（青）」の中に作ってください。

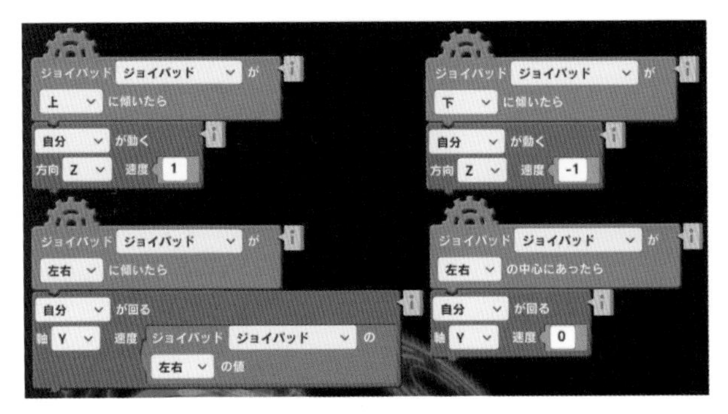

図02-3-20 「車（青）」のプログラム（追加）

「ステアリング操作」には微妙なコントロールが必要になるので、回転については「ジョイパッド」の傾きを入力しています。

「ジョイパッド（ジョイパッド）の（左右）の値」ブロックは、「ジョイパッド」を左いっぱいに倒すと「-1」、中央だと「0」、右いっぱいに倒すと「1」を返します。

第3章
「フライト・ゲーム」を作ってみよう

この章では、高層ビル群の中で、「ニワトリ」になって、空を飛ぶゲームを作ります。

3-1 「フライト・ゲーム」の準備

■ ゲームの詳細

以下のゲームを作ります

・ルール

5つの「チェック・ポイント」を通過できたら、「ゲーム・クリア」。
ビルや地面に接触したら、「ゲーム・オーバー」。

・操作方法

方向キー：ニワトリの進行方向の操作。

図03-1-1　完成イメージ

ここでは、主人公を3次元空間の中で移動させる方法や、「グループ」と「変数」の使い方について学びます。

■ 背景の準備

プログラミングの始め方は**2章**と同じです。

＊

「実験室」の中から任意の「遊び場」を選び、「背景」を変更します。
今回は「ビル街（大）」に変更してください。

図03-1-2　背景「ビル街（大）」の選択

「ビル街（大）」は、高層ビルが立ち並んでいる「背景」です。
いったん「全画面モード」に切り替えて、全体を確認してみましょう。

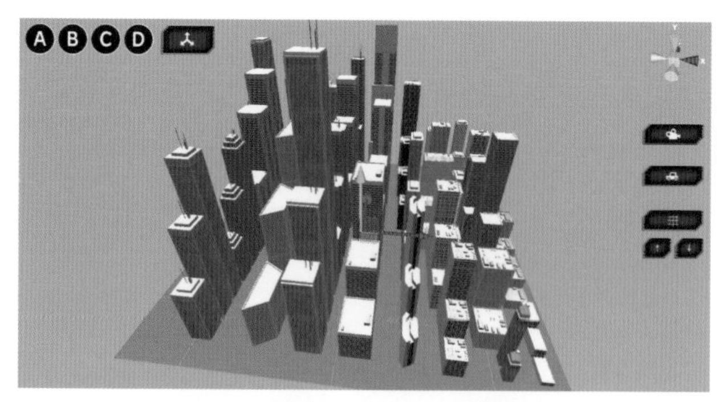

図03-1-3　背景「ビル街（大）」の全景

この「背景」に「環境音」を追加してみましょう。

＊

ゲームに必須というわけではありませんが、「背景音」が加わるだけで、高い高度で飛んでいるような雰囲気を楽しむことができます。

[手順] 「環境音」を追加する

[1]サウンド「風」を追加してください。

【追加するオブジェクト】 サウンド「風」

図03-1-4 サウンド「風」の追加

「背景」の中に、"「スタート・ボタン」が押されたら、サウンド「風」を鳴らすプログラム"を作ってみましょう。

> ※「サウンド」や「エフェクト」に関する「命令ブロック」は、「効果」カテゴリーに含まれています。

[2]「**(自分)を鳴らす/ループ(off)**」というブロックを見つけて、「プログラミング・エリア」にドラッグしてください。

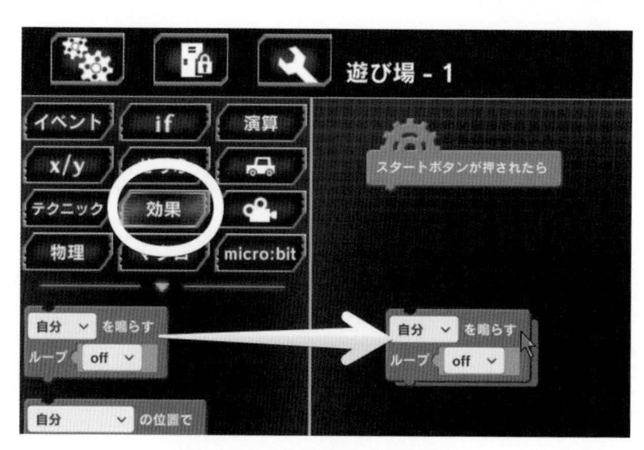

図03-1-5　「背景」のプログラム

[3]イベント・ブロック**「スタート・ボタンが押されたら」**に「効果ブロック」を接続し、「サウンドの種類」を「風」に、「ループ」を「(on)」に切り替えてください。

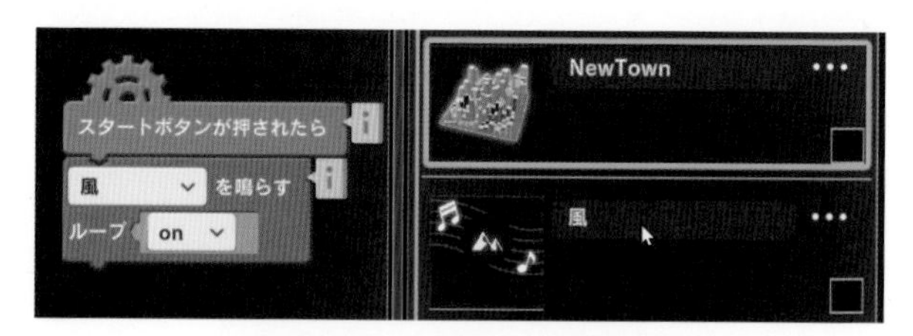

図03-1-6　「背景」のプログラム

「ループ」を「(on)」にしたので、サウンド「風」は、途切れずに流れ続けます。

■「ニワトリ」の準備

今回のゲームの主人公、「ニワトリ」をゲームに追加しましょう。

【追加するオブジェクト】
モデル「ニワトリ」

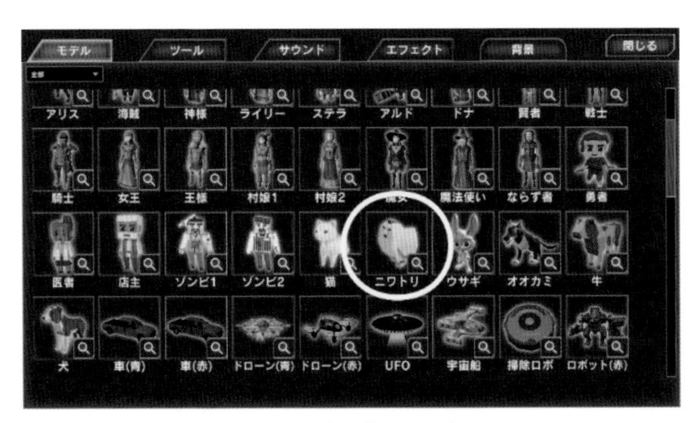

図03-1-7　モデル「ニワトリ」の追加

新たに追加された「オブジェクト」は「背景の原点」に出現するので、「ニワトリ」は**図03-1-8**のように、「コンパス」と重なって表示されます。

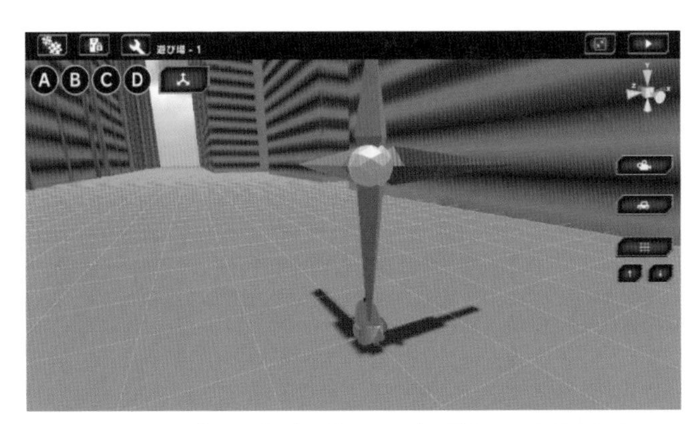

図03-1-8　「コンパス」と「ニワトリ」が重なって表示される

■ カメラの設定

今回のゲームは3次元空間を自由に飛び回るゲームなので、「カメラ」が「ニワトリ」を追従するよう設定しておきましょう。

[手順]　「カメラ」に「ニワトリ」を追いかけさせる

[1]「オブジェクト・リスト」で「カメラ」を選択し、**図03-1-9**のプログラムを作ってください。

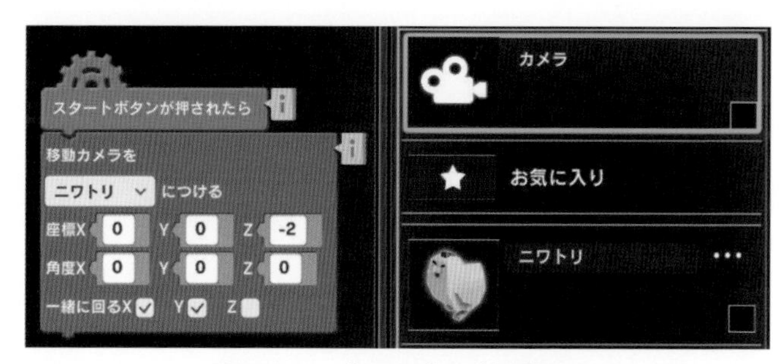

図03-1-9　「カメラ」のプログラム

※最後の「行」の「一緒に回る」という設定項目で「Z」のチェックを外したのは、「画面の揺れ」を抑えるためです。

[2]プログラムをスタートさせると、「ニワトリ」を真後ろから見たアングルで表示されます。

図03-1-10　プログラム実行結果（「ニワトリ」を真後ろから見ている）

3-2 「フライト・ゲーム」の基本プログラム

■「ニワトリ」を飛ばすプログラム

「ニワトリ」は遠くから飛んでくるようにしたいので、初期の座標をずっと手前（0,1,-3000）に後退させてから前方（Z方向）に飛ばすことにします。

[手順] 「ニワトリ」を飛ばす

[1]「ニワトリ」の中に図03-2-1のプログラムを作ってください。

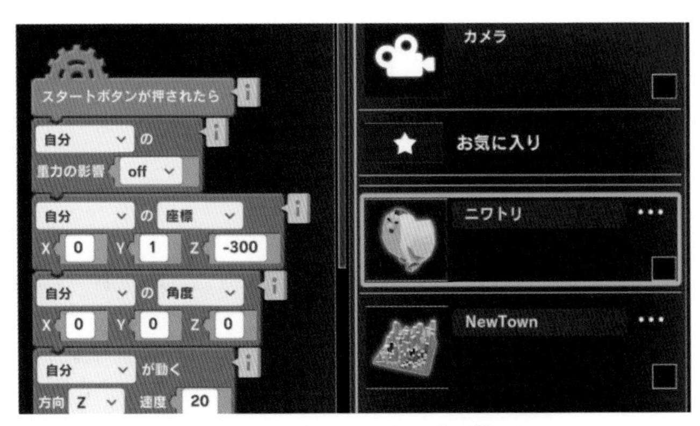

図03-2-1 「ニワトリ」のプログラム

ゲームの難度をちょっと下げるため、「重力の影響」は「(off)」にしました。

飛行速度は「20」にしましたが、お好みで調整してください。

＊

プログラムを実行すると、「ニワトリ」がビル街に向かって一直線に進む様子が見えると思います。

図03-2-2　プログラムの実行結果

[2] 次に、キーボードの「方向キー」で飛ぶ「向き」を変えられるようにしましょう。

「オブジェクト・リスト」で「ニワトリ」を選択し、**図03-2-3**のプログラムを作ってください。

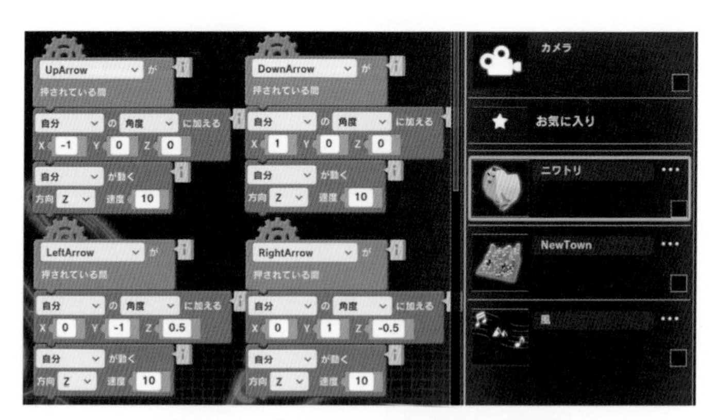

図03-2-3　「ニワトリ」のプログラム（追加）

「スピード感」と「操作性」を両立させるため、「向き」を変えるときは、速度を「10」に落としています。

[3]「方向キー」が押されている間の処理だけだと、速度が落ちたままになってしまうので、方向キーが離されたときに、速度を「20」に戻すプロ

グラムも作っておきましょう。

＊

図03-2-3のプログラムでは、左右のキーが押された場合は演出のため「ニワトリ」の体を「Z軸方向」に傾けていますが、左右のキーが離されたらこの傾きも元に戻すようにしておきます。

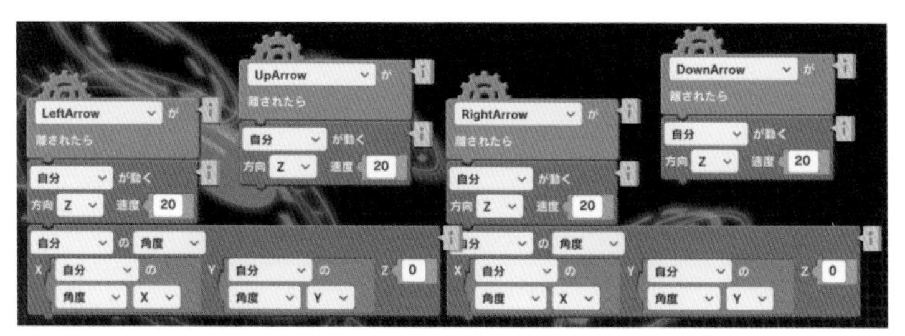

図03-2-4　「ニワトリ」のプログラム（追加）

＊

プログラムをスタートさせ、空中散歩を楽しんでみましょう。

「クリア条件」も「ゲーム・オーバー」もありませんが、これだけでもけっこう遊べます。

図03-2-5　プログラム実行結果

＊

※なお、念のため「スマートフォン/タブレット」で遊ぶ場合のプログラムも紹介しておきます。

　パソコンしか使わない人は読み飛ばしてください。

[手順] 「スマートフォン/タブレット」で遊ぶ場合

[1]まず、ツール「ジョイパッド」を追加し、「全画面モード」で操作しやすそうな場所に移動させてください。

【追加するオブジェクト】
ツール「ジョイパッド」

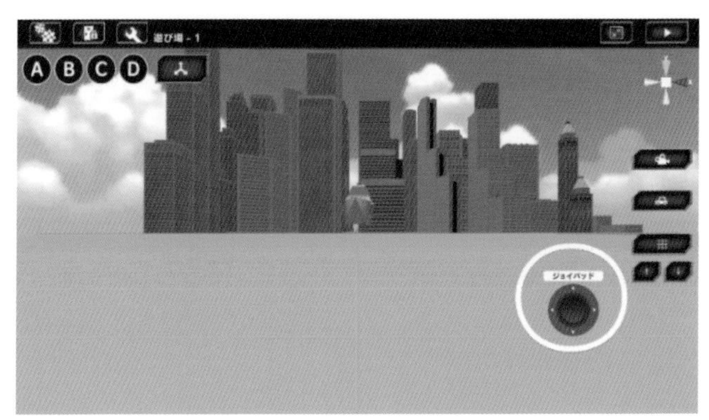

図03-2-6 「ジョイパッド」の移動

[2]「ジョイパッド」の傾きに比例して「ニワトリ」の向きが変わるようにしたいので、プログラムは**図03-2-7**のとおり、少々複雑になります。

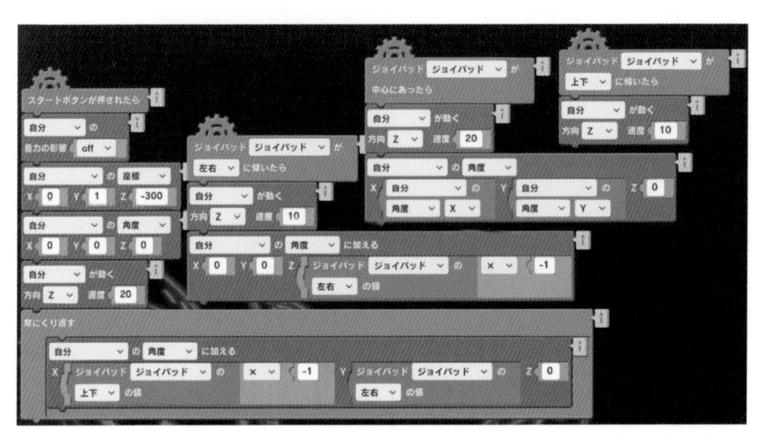

図03-2-7 「ニワトリ」のプログラム(追加)

3-3 「フライト・ゲーム」の仕上げ

■「チェック・ポイント」の配置

高層ビル群の中に、5つの「チェック・ポイント」を作り、「ニワトリ」がこれらすべてに接触したら「ゲーム・クリア」になるようにしましょう。

[手順] 「チェック・ポイント」を作る

[1] まずは、ゲームにモデル「球」を追加してください。

【追加するオブジェクト】 モデル「球」

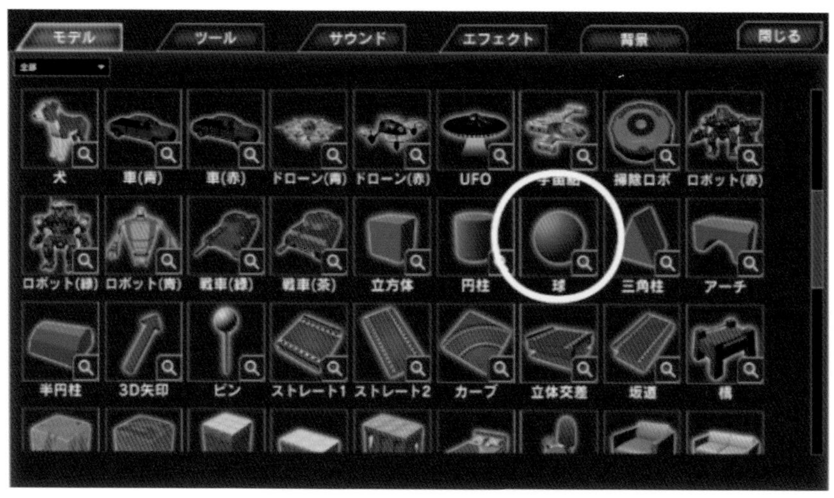

図03-3-1 モデル「球」の追加

[2] 「球」の中にプログラムを作り、大きさを「10」倍にしましょう。

「ゲーム・プレイ」に自信があるなら、もっと小さくしてもかまいません。

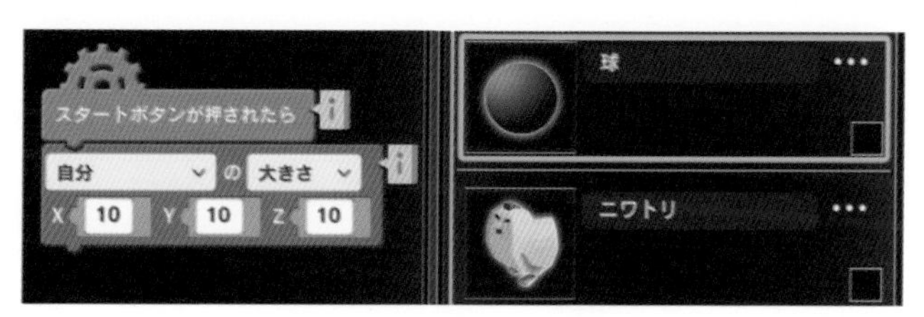

図03-3-2 「球」のプログラム

プログラムをいったんスタートさせることで、「球」は「10」倍のサイズになります。

[3]移動させるため、「球」をクリックして**「移動ギズモ」**を表示させてください。

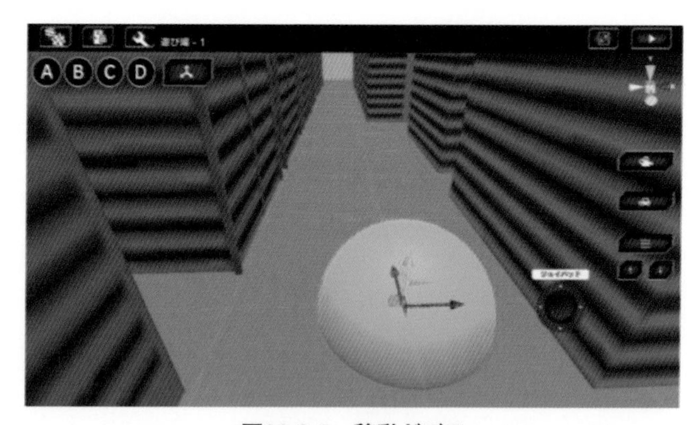

図03-3-3 移動ギズモ

「移動ギズモ」をドラッグして、「球」を好きな場所に移動させましょう。

※ビルに囲まれているような場所に配置すると、ゲームの難度は高くなります。

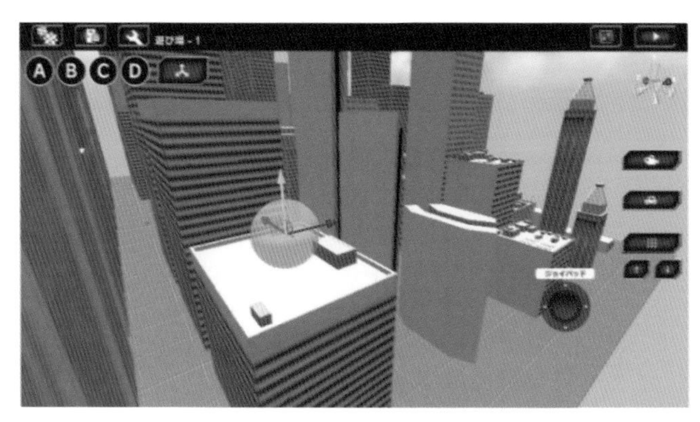

図03-3-4　「球」の配置

[4]同様の手順であと4つの「球」を設置するのですが、これらの「球」に対して同じ処理ができるように、「グループ」を作っておきましょう。

「グループ」を作るボタンは、「イベント・カテゴリー」の中にあります。

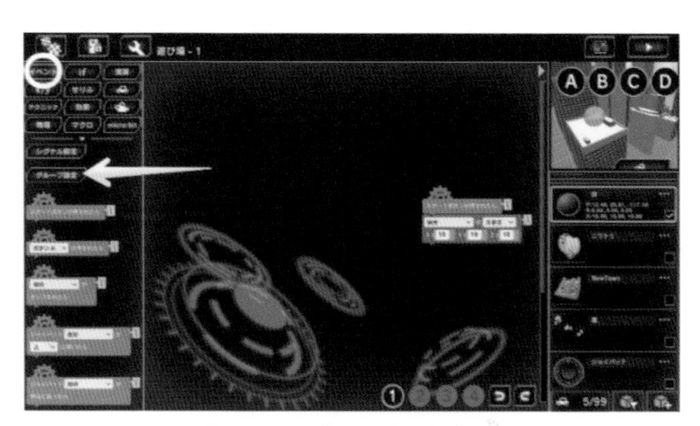

図03-3-5　グループ設定ボタン

「グループ設定画面」で「グループ名」を設定しましょう。
ここでは「CheckPoint」という名前をつけてみました。

「＋グループ追加」ボタンを押すと、「グループ」が作られます。

【作成するグループ】
グループ「CheckPoint」

図03-3-6　グループ設定画面

すると、「テクニック・カテゴリー」に属するブロック**「(自分)を（　）グループに設定」**で、「グループ名」として「CheckPoint」が選べるようになります。

＊

このブロックを、「スタート・ボタン」が押されたときの処理として追加しましょう。

＊

これで「球」は、「CheckPoint」という「グループ」に属したことになり、今後は多くの「球」を作った際に、これらをまとめて取り扱うことができるわけです。

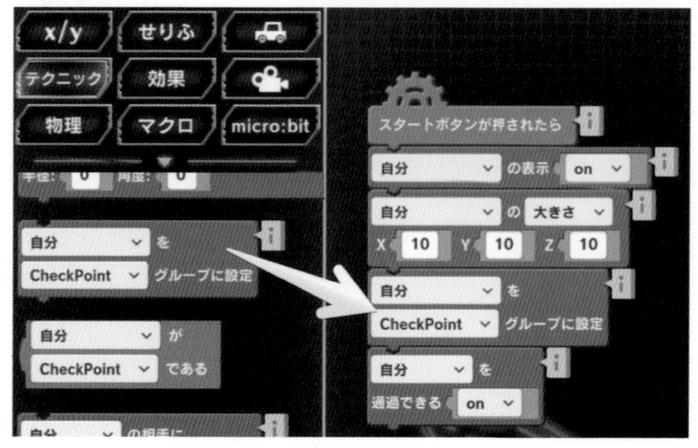

図03-3-7　「球」のプログラム（追加）

「(自分)の表示(on)」というブロックを追加したのは、このあと、「ニワトリ」が「球」に触れたときに「球」の表示を「(off)」にする処理を追加する予定だからです。

消された「球」を再び表示するために、このような初期設定が必要なのです。

[5]続いて、「球」をコピーして2つ目の「チェック・ポイント」を作りましょう。

*

※オブジェクトをコピーするには、いったん「…」を押してアイコンメニューを表示し、「コピー」(2つの丸が重なっている絵柄)をクリックします。

図03-3-8　オブジェクトのコピー

「コピー」によって生まれた新たな「球(1)」は、「原点」近くに出現します。

※「球(1)」の中には「球」のプログラムがそのまま複製されているので、プログラムを実行すると「10倍」のサイズになります。

[6]先ほどと同じ要領で、2つ目の「チェック・ポイント」を配置しましょう。

この作業を繰り返して、5つの「チェック・ポイント」を作ります。

筆者の場合は、図03-3-9のように配置してみました。

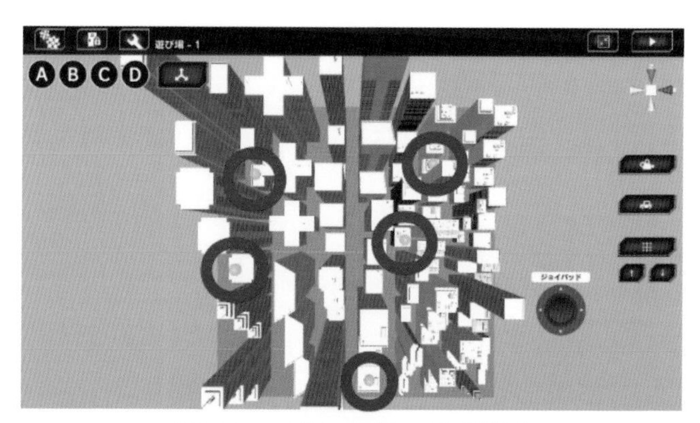

図03-3-9　真上から見下ろした構図

■「ゲーム・クリア」の処理

「ゲーム・クリア処理」を作るための準備をします。

＊

まずは、画面に「**ゲーム・クリア！**」という文字を表示する場所を用意しましょう。

[手順]　「ゲーム・クリア」の表示枠を作る

[1] ツール「テキスト四角形」を追加してください。

【追加するオブジェクト】 ツール「テキスト四角形」

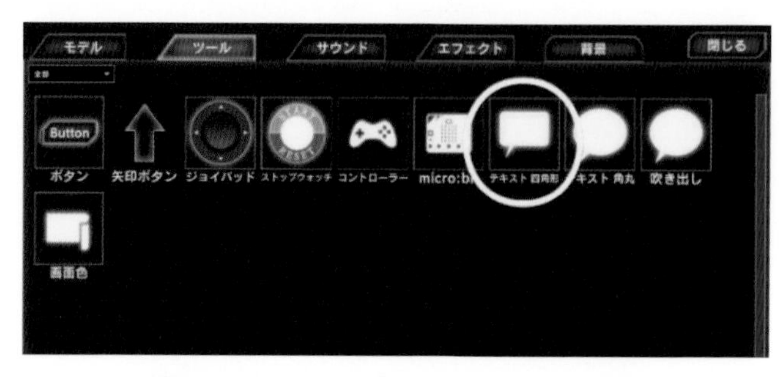

図03-3-10　ツール「テキスト四角形」の追加

[2] ツール「テキスト四角形」の中に、初期設定のプログラムを作りましょう。

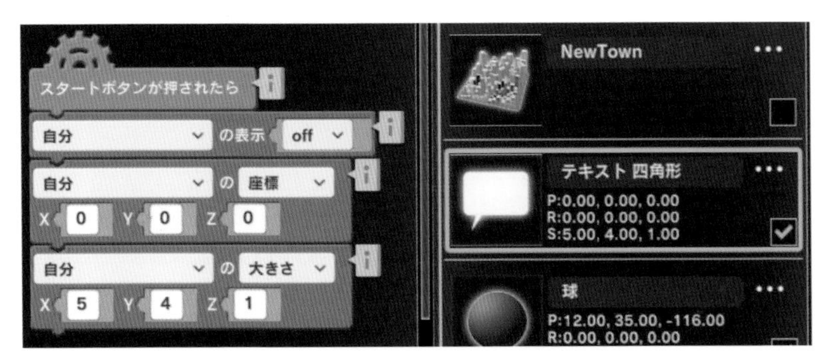

図03-3-11　「テキスト四角形」のプログラム

最初から「テキスト表示枠」が表示されていると邪魔なので、「スタート・ボタン」が押されたら、自分の表示を「(off)」にしています。

※デフォルトのままだと文字が小さいので、大きさを指定しています。

※「テキスト四角形」は「平面オブジェクト」なのですが、Z軸方向の「厚み」をゼロにすると文字が表示されないので、注意してください。

*

残りの「チェック・ポイント数」を表示するための小さめの表示枠を作りましょう。

[手順]　「チェック・ポイント数」の表示枠を作る

[1] 先ほどと同様に「テキスト四角形」を追加し、**次の図**のプログラムを入れてください。

※Y座標に大きめの数値を入れ、画面の上端あたりに表示されるようにします。

【追加するオブジェクト】
ツール「テキスト四角形」

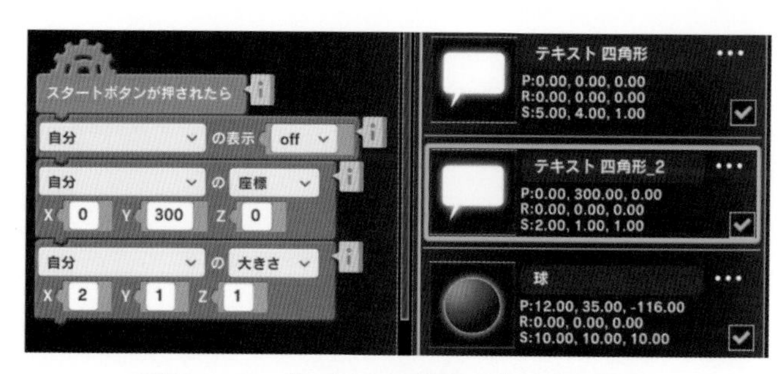

図03-3-12 「テキスト四角形_2」のプログラム

[2]チェック・ポイント通過時の効果音として「魔法5」を追加し、すべての「チェック・ポイント」を通過して「ゲーム・クリア」したときの効果音として「クリア2」を追加してください。

【追加するオブジェクト】

サウンド「魔法5」

サウンド「クリア2」

[3]残りの「チェック・ポイント数」を数えるため、「変数」を作りましょう。

変数を作るための「変数設定ボタン」は「x/y」カテゴリーに入っています。

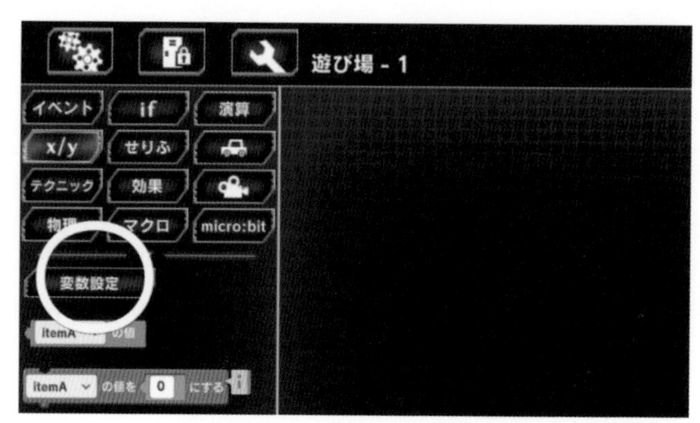

図03-3-13 「変数設定」ボタン

変数名は何でもいいのですが、ここでは「Checks」という名前をつけました。

「＋変数追加」ボタンをクリックすることで、「変数」が作られます。

【作成する変数】
変数「Checks」

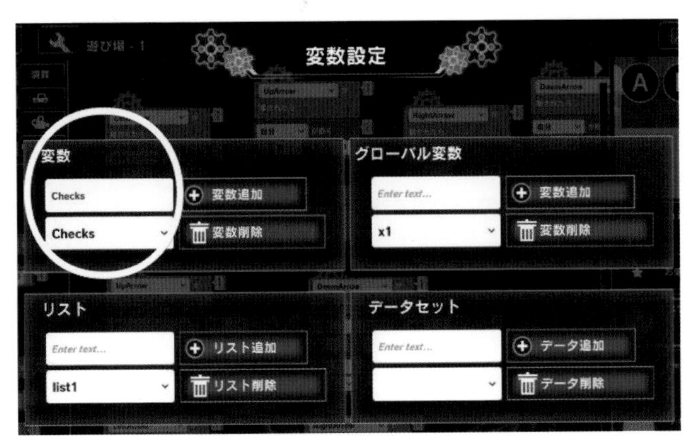

図03-3-14 「変数設定画面」

さて、ようやく「ゲーム・クリア処理」のプログラミングに取りかかります。

[手順] 「ゲーム・クリア」時の処理

[1]「ニワトリ」の中に、図03-3-15のプログラムを作ってください。

※イベント・ブロック「スタート・ボタンが押されたら」の後に、ブロックが追加されているので、注意してください。

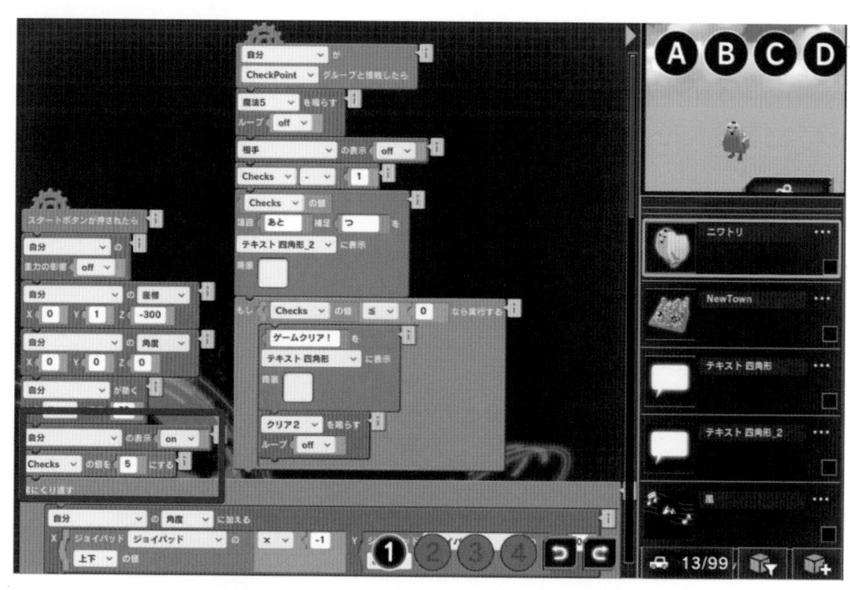

図03-3-15 「ニワトリ」のプログラム（追加）

※「自分を表示する」ブロックを追加しているのは、このあと作る「ゲーム・オーバー」処理で「ニワトリ」を消す予定があるからです。

※変数「Checks」の初期値（＝チェック・ポイントの総数）は、作った「チェック・ポイント」の数と同じにしてください。

[2]プログラムをスタートさせ、5つのチェック・ポイントに触れてみてください。

「ニワトリ」が触れると「チェック・ポイント」はサウンド**「魔法5」**とともに消えます。

すべての「チェック・ポイント」を消したら、サウンド**「クリア2」**が鳴り、画面に大きく**「ゲーム・クリア！」**と表示されるはずです。

図03-3-16　プログラム実行結果

これだけだと、「ゲーム・クリア」の演出としては地味すぎるかもしれません。

エフェクトを追加するなどして、もっと華々しくしてもいいですね。

■「ゲーム・オーバー」の処理

最後に、「ニワトリ」が背景「ビル街(大)」に接触したら、「爆発」して「ゲーム・オーバー」にする処理を作りましょう。

＊

エフェクト**「爆発(大)」**とサウンド**「クラッシュ」**を追加し、「ニワトリ」の中に**図03-3-17**のプログラムを作ってください。

【追加するオブジェクト】
エフェクト「爆発(大)」 サウンド「クラッシュ」

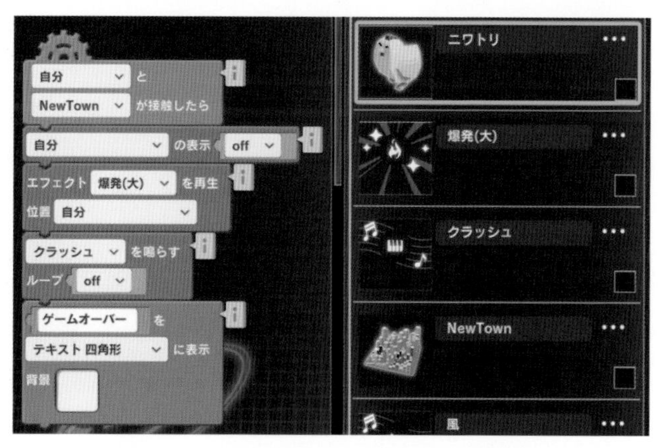

図03-3-17　「ニワトリ」のプログラム（追加）

これでゲームは完成しました。

＊

空中では突然止まることはできないので、ビルの合間を縫ってチェック・ポイントを通過するのは意外に難しいです。

図03-3-18　プログラム実行結果

さらに面白くしたくなったら、「風」を吹かせたり、「チェック・ポイント」を動かしたり、「タイムアタック要素」を追加してもいいかもしれません。

いろいろ工夫をしてみてください。

第4章
「ジャンプ・ゲーム」を作ってみよう

「ジャンプ」で「障害物」を避けたり、「地形」を飛び越えたりしながら「ゴール」を目指す、「横スクロール型」の「アクション・ゲーム」を作ります。

4-1 「ジャンプ・ゲーム」の準備

■ ゲームの詳細

今回作るのは、以下のようなゲームです。

・ルール

右端の「ゴール・エリア」に達したら「ゲーム・クリア」。

「下に落ちる」か、「赤いブロック」や「敵」に触れたら、「ゲーム・オーバー」。

・操作方法

方向キー左右：主人公の移動。

「S」キー：主人公のジャンプ。

図04-1-1　完成イメージ

今回学ぶのは、(a)「**ゲームステージの構築方法**」や、(b)「**キャラクタにジャンプさせる方法**」、(c)「**マクロ機能の使い方**」などです。

■「背景」の準備

「実験室」から「遊び場」を選んだら、「背景」を「リゾート島」に変更してください。

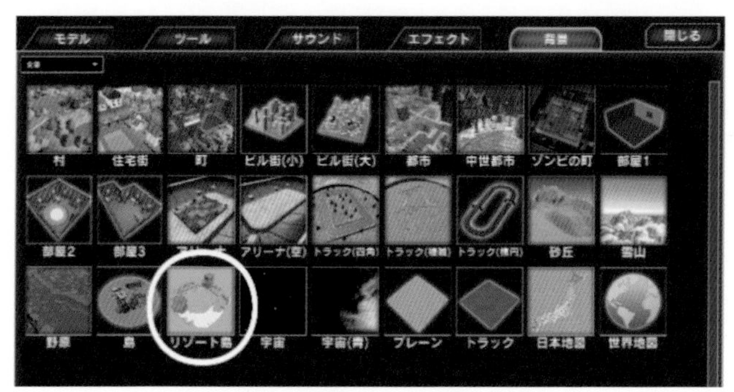

図04-1-2　背景「リゾート島」の選択

今回は「リゾート島」の中央にある「湖」を、ゲームの舞台として利用します。

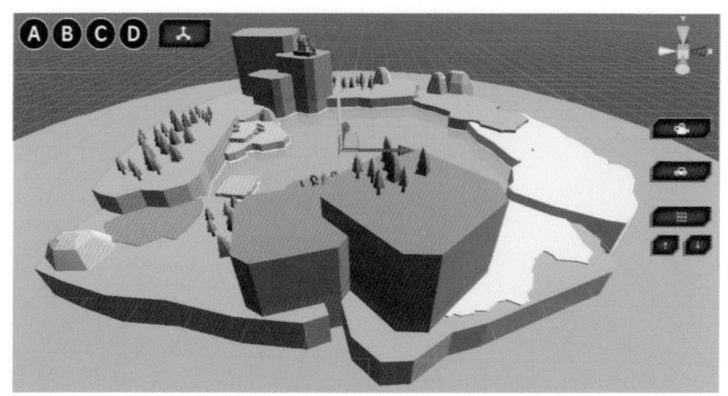

図04-1-3　背景「リゾート島」の全景

■「主人公」の配置

今回は「店主」を主人公にしてみます。

[手順] キャラクタを配置する

[1]「人型キャラクタ」であれば、どれを選んでもプログラムは共通です。

【追加するオブジェクト】
モデル「店主」

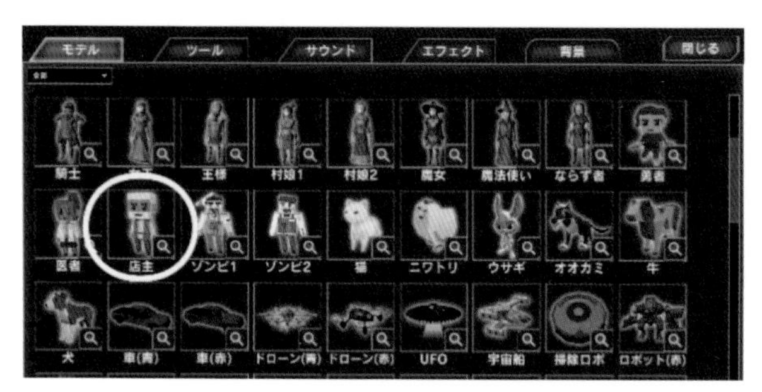

図04-1-4 モデル「店主」の選択

[2]原点に出現した「店主」をクリックして**「移動ギズモ」**を表示し、スタート地点に移動させましょう。

湖を横断するようにステージを作りたいので、主人公は左側の岸に配置します。

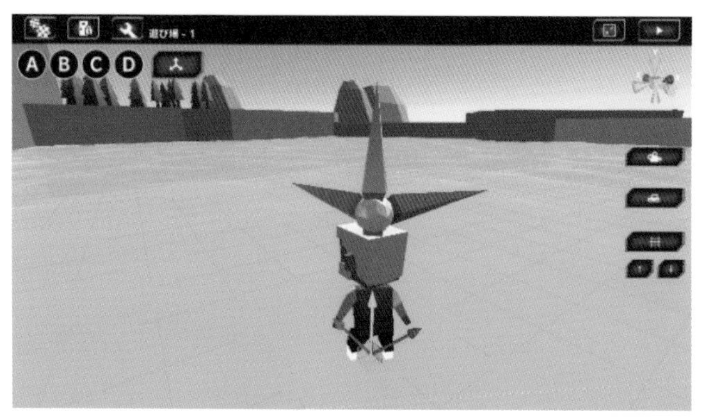

図04-1-5 「移動ギズモ」

[3]「移動ギズモ」を**「回転ギズモ」**に変え、「店主」を湖の中心に向かせましょう。

図04-1-6 「店主」の配置

[4]続いて、「オブジェクト・リスト」に表示されている「店主」の「座標」と「角度」を参考にして、「スタート・ボタンが押された」後の初期設定をします。

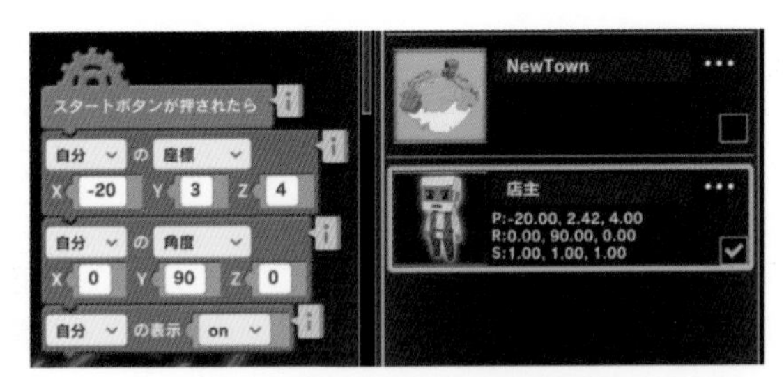

図04-1-7 「店主」の初期設定

「店主」が地面の下に落下しないように、「Y座標」には少し大きめの数値を入れ、また「店主」に湖の中心を向かせるため、「Y軸方向の角度」を「90」度に設定しています。

最後に主人公の表示を「(on)」するブロックを付け加えたのは、「ゲーム・オーバー」の処理で主人公を消す予定があるからです。

■ 足場の配置

湖の上に足場を作っていきましょう。

[手順] 足場の作成

[1]まず1つ目の足場としてモデル「**草ブロック（高）**」を追加してください。

このオブジェクトを並べて、水面の上に足場を作っていきます。

【追加するオブジェクト】
モデル「草ブロック（高）」

図04-1-8 モデル「草ブロック（高）」の追加

[2]「草ブロック（高）」をクリックして「ギズモ」を表示し、移動や拡大をしていきます。

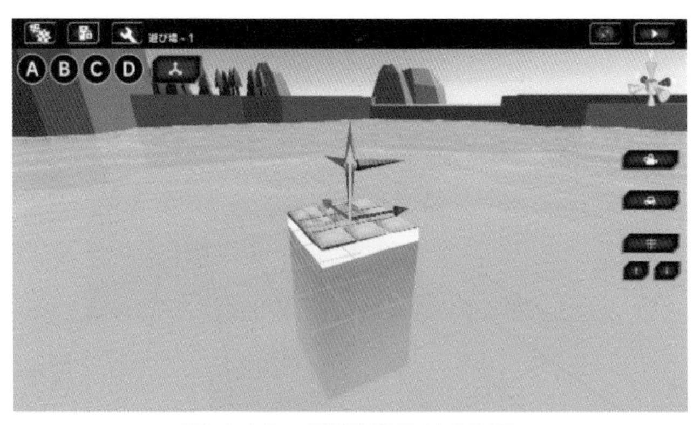

図04-1-9 「移動ギズモ」の表示

1つ目の「草ブロック（高）」は主人公が立っている崖の近くに配置しましょう。

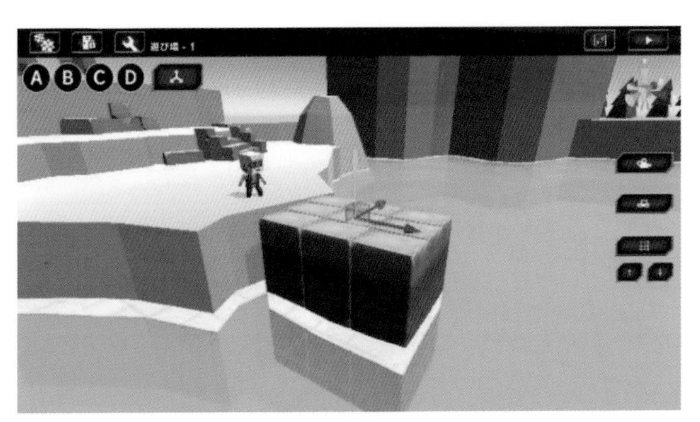

図04-1-10　「草ブロック（高）」の配置

さて、このあと同じように多数の「草ブロック（高）」を配置するので、これらをまとめて扱うことができるように、「グループ」を作っておきましょう。

「グループ名」は何でもいいのですが、ここでは「Ground（地面）」としました。

【作成するグループ】 　グループ「Ground」

図04-1-11　グループ「Ground」の作成

そして先ほど配置した「草ブロック（高）」の中にプログラムを作ります。

手順］ 「草ブロック（高）」のプログラムを作る

[1] 水に沈んだり、主人公が乗ったときに重さで傾いてしまったりすると困るので、「**（自分）の物理エンジンを（off）**」にしておきます。

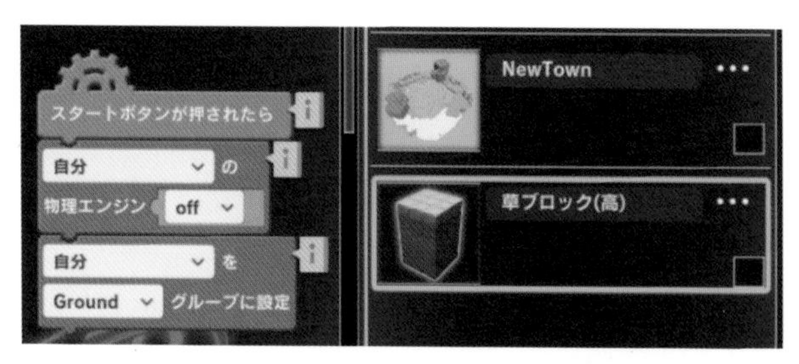

図04-1-12 「草ブロック（高）」のプログラム

[2] この「草ブロック（高）」をコピーして2つ目を作りましょう。

「…」をクリックしてアイコン・メニューを開き、「コピー」をクリックしてください。

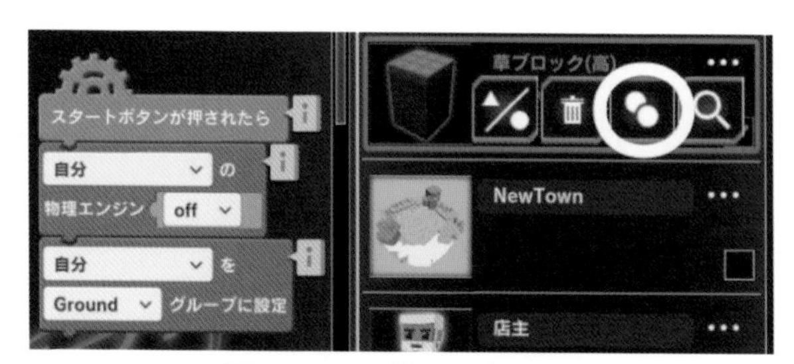

図04-1-13 「コピー」ボタン

コピーされた「草ブロック」には、プログラムの内容も複製されています。

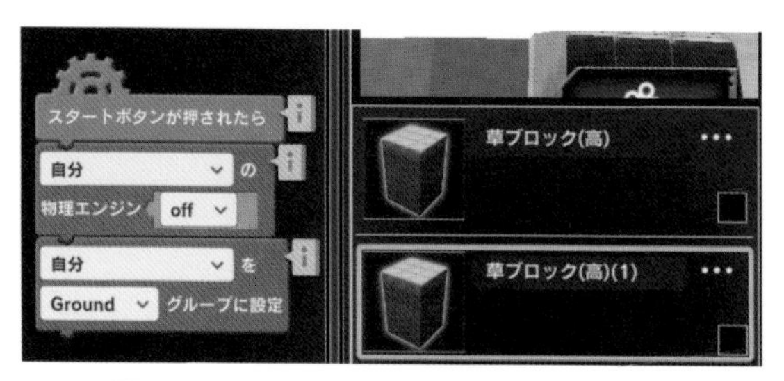

図04-1-14 コピーされた「草ブロック（高）」

[3]コピーした「草ブロック（高）」も、「移動ギズモ」で適当な場所に移動し、**「大きさギズモ」**で長さを調整しましょう。

同様に、「草ブロック（高）」のコピーと配置を繰り返し、対岸までつないでいきます。

筆者の場合は、**図04-1-15**のように7つの「草ブロック（高）」を配置しました。

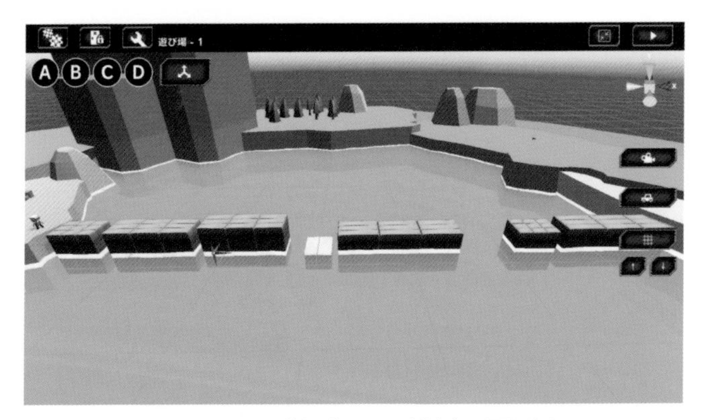

図04-1-15　「草ブロック（高）」の配置例

ジャンプで飛び越せるように少しずつ隙間を空けています。
大きな隙間が空いている場所もありますが、これは「草ブロック（高）」をプログラムで動かす予定だからです。

＊

「草ブロック」は後からでも簡単に移動させたり大きさを変えたりできるので、まずは感覚的に配置してしまってかまいません。

4-2 「ジャンプ・ゲーム」の基本プログラム

■「主人公」を移動させるプログラム

今回のゲームでは主人公は､「前進」と「後退」しかしないので､「主人公を歩かせるプログラム」はとてもシンプルです。

*

[手順] 「主人公」を歩かせる

[1] 移動速度はとりあえず「1」としましたが､お好みで調整してください。

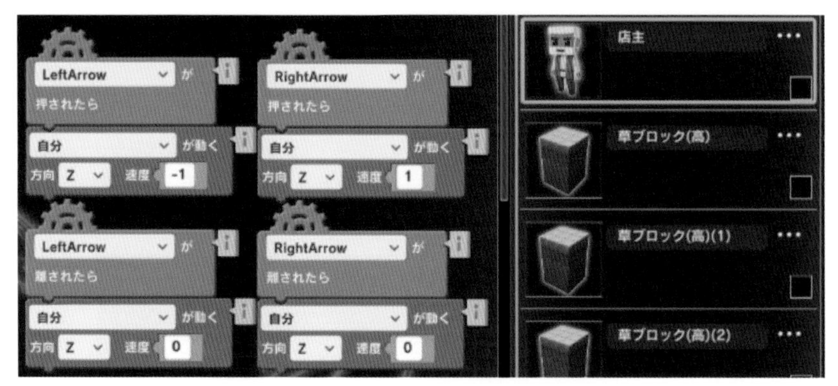

図04-2-1 「店主」のプログラム（追加）

[2] 続いて､「草ブロック（高）」を飛び越えられるように､主人公に「ジャンプ」をさせましょう。

必須ではありませんが､音がしたほうが気持ちいいので､サウンド「バウンド」を追加しておいてください。

【追加するオブジェクト】
サウンド「バウンド」

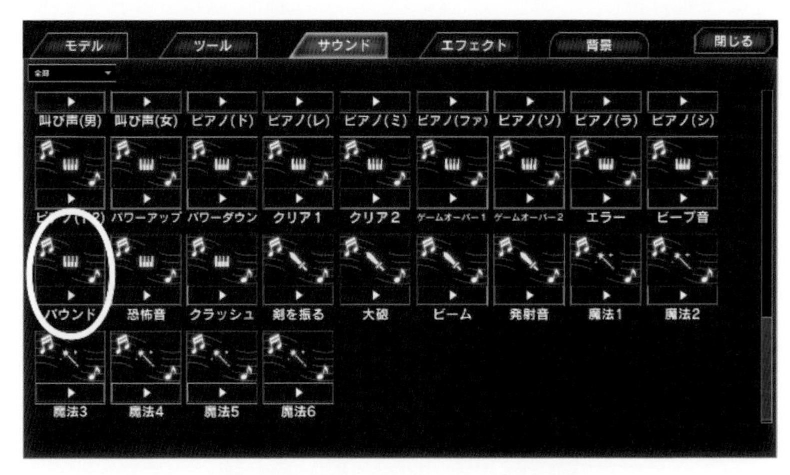

図04-2-2　サウンド「バウンド」の追加

「S」キーを押したらジャンプするように、「店主」のプログラムを作りましょう。

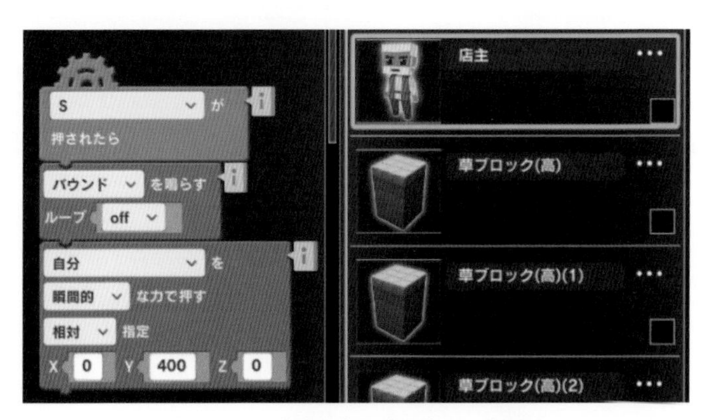

図04-2-3　「店主」のプログラム（追加）

※キーを「S」にした理由は、左手で押しやすい場所にあるからというだけなので、お好み次第で「F」キーや「スペースバー」などに変更してください。

＊

主人公をジャンプさせるため、Y軸方向に「瞬間的な力」を加えています。
「店主」を下から上に向けて勢いよく叩いているようなイメージです。

叩く力は「400」としていますが、お好みに合わせて増減してください。
小さな数値にするとジャンプは低くなるので、ゲームの難度は上がります。

＊

「全画面モード」に切り替え、「カメラ」を見やすい位置と角度に調整したら、プログラムをスタートさせて、**プログラムを実行**してみましょう。

主人公は「草ブロック（高）」の上を渡り歩くことができたでしょうか。

＊

難しすぎず、簡単すぎず、適度な難易度になるよう、「草ブロック（高）」の「位置」や「大きさ」を調整してみてください。

図04-2-4　プログラム実行結果

＊

実は、先ほど作ったプログラムには問題があります。
空中で「S」キーを押してもジャンプしてしまうので、どんどん高く飛び上がってしまうのです。

空を飛ぶゲームならこのままでも問題ありませんが、ジャンプを楽しむゲームなので、空中ではジャンプできないようにしないと面白くありません。
そこで、「ジャンプ中なのか」あるいは「ジャンプしていないか」という状態を変数に記憶しておき、「ジャンプ中」だった場合は、「S」キーが押されてもジャンプしないようにします。

[手順] 空中でのジャンプを防止する

[1]まずは変数を作りましょう。

名称は「Jumping」としました。

【作成する変数】
変数「Jumping」

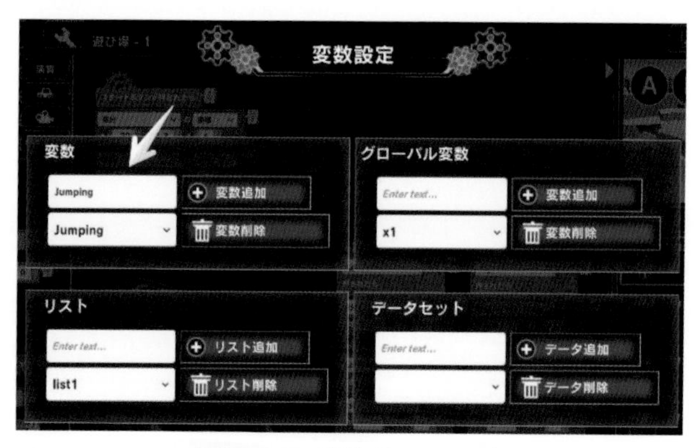

図04-2-5 変数「Jumping」

[2]主人公「店主」の中に、図のプログラムを追加してください。

図04-2-6 「店主」のプログラム(追加)

「ゲーム開始時」と「主人公の足が地面についたとき」は、「ジャンプはしてない」とみなして変数を「0」にしています。
一方、変数が「0」のときに「S」キーが押されたら、「ジャンプ中」だとみなして変数に「1」を代入しています。

プログラムが出来たら、実行して、空中でジャンプができないことを確認してください。

■「スマートフォン/タブレット」の場合

[手順] 「スマートフォン/タブレット」の場合のプログラム

[1]「スマートフォン」や「タブレット」でプレイしたい場合は、ツール「ジョイパッド」を追加し、操作しやすそうな場所に配置してください。

【追加するオブジェクト】 ツール「ジョイパッド」

「ジョイパッド」の場合、「移動プログラム」は次の**図04-2-7**のように非常にシンプルになります。

図04-2-7 「ジョイパッド」のプログラム

[2]続いて、ジャンプするための「ボタン」を作りましょう。

ツール「ボタン」を追加してください。

【追加するオブジェクト】
ツール「ボタン」

「ボタン」の名称はゲーム画面に表示されます。

そのため、名前が「ボタン」のままだと見栄えがよくないですし、さらに「ボタン」を追加した場合、どれがどれなのか分からなくなってしまいます。

そこで「オブジェクト・リスト」に表示されている名称をクリックし、「ジャンプ」に変更しておきましょう。

図04-2-8　「ボタン」の名称変更

[3]次に、「ボタン」がタップされた場合のプログラムを作ります。
しかし、キーボードの「S」キーが押された場合の処理とほとんど同じなので、ゼロから作るのは面倒です。
そんなときは、プログラムを「コピー」しましょう。

＊

プログラムをコピーする方法は簡単です。

コピーしたいプログラムを「プログラミング・エリア」からドラッグし、「オブジェクト・リスト」にドロップするだけです。

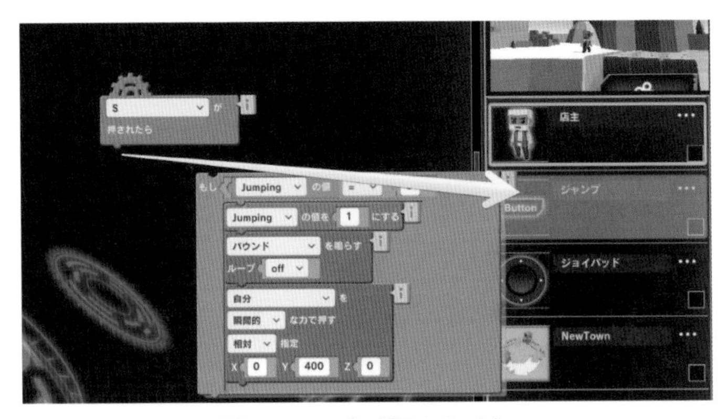

図04-2-9　プログラムのコピー

[4]「ボタン」にコピーされたプログラムを基にして、**図04-2-10**のプログラムを作ってください。

*

もともとのプログラムで「(自分)」となっている場所は、プログラムの置き場所が変わったので、具体的な指定に書き換える必要があります。

今回は「店主」に変更しましょう。

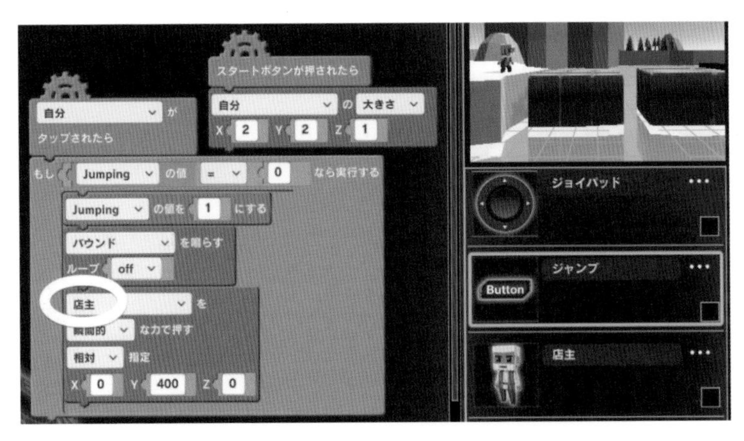

図04-2-10　「ジャンプ(ボタン)」のプログラム

「ボタン」がタップしやすいように、「縦横2倍」のサイズに拡大しています。

プログラムをスタートさせ、「ジョイパッド」と「ボタン」でプレイしてみましょう。

図04-2-11 プログラム実行結果

■「アイテムを取ると動く床」のプログラム

ジャンプして地形を渡っていくだけでも楽しめますが、さらに面白くするため、これから2つの「**ギミック**」を追加してみようと思います。

＊

1つ目のギミックは「**リンゴをとると、床が移動する**」というシンプルなものです。

筆者が作った地形では左から4番目の「草ブロック（高）」が異常に低い位置にあったのですが、実はこのギミックのためだったのです。

図04-2-12 低く配置した「草ブロック（高）」

[手順] 「アイテムを取ると動く床」を作る

[1]移動する「草ブロック（高）」は、「スタート・ボタン」が押されたときに最初の位置に戻す必要があるので、プログラムの中で初期座標を設定しておきましょう。

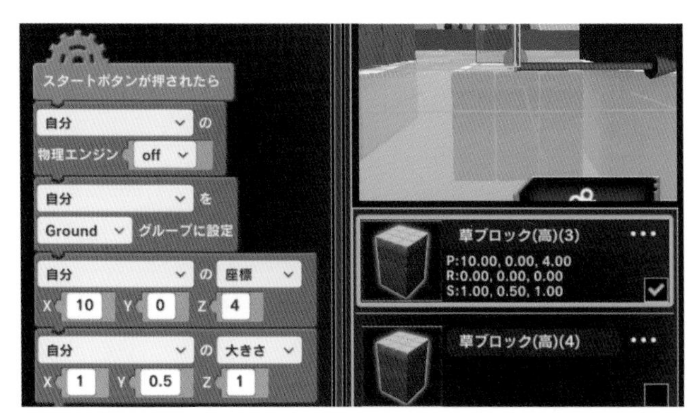

図04-2-13　「草ブロック（高）(3)」のプログラム

[2]背景に配置するアイテムとしてモデル「リンゴ」を追加してください。

【追加するオブジェクト】 モデル「リンゴ」

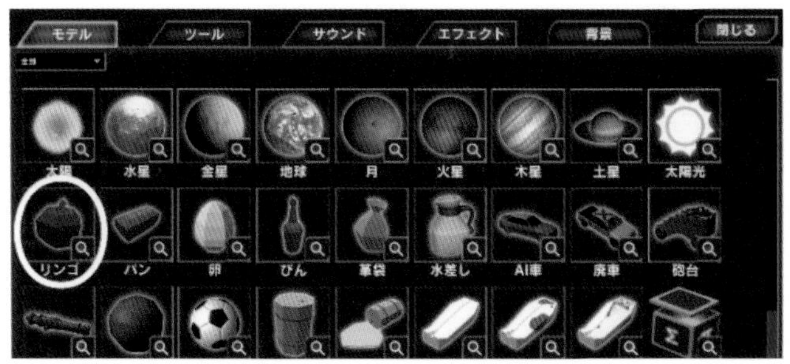

図04-2-14　モデル「リンゴ」の追加

[3]「移動ギズモ」を操作し、ジャンプしないと取れない場所に「リンゴ」を配置します。

初期状態だと「リンゴ」は小さくて目立たないので、少し大きくしたほうがいいかもしれません。

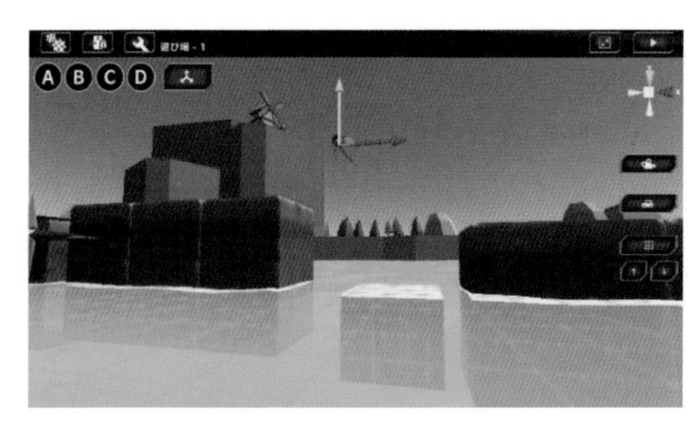

図04-2-15 「リンゴ」の配置

[4]次に、「リンゴ」の中にプログラムを作ります。

図04-2-16のプログラムでは、主人公「店主」と接触したらリンゴの表示を「(off)」にして、「草ブロック (高) (3)」を少し高い場所に移動させています。

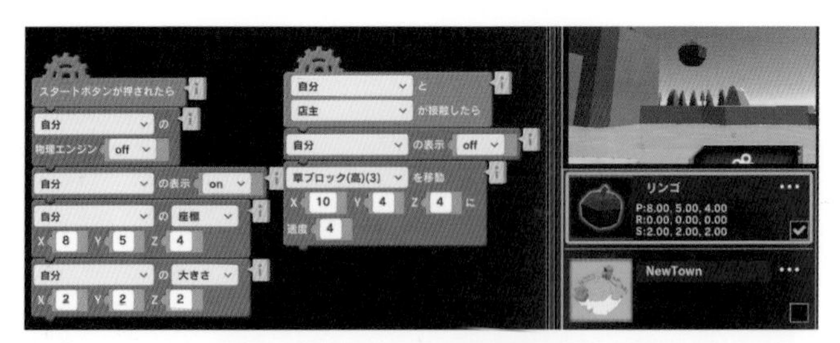

図04-2-16 「リンゴ」のプログラム

リンゴも「物理エンジン」を「(off)」にしておかないと、プログラム開始と同時に地面に落下してしまうので、注意が必要です。

プログラムを実行してみて動作を確認しましょう。

「リンゴ」を取らない限り先に進めないように、「草ブロック（高）」の「位置」や「長さ」を調整しておくといいでしょう。

図04-2-17　プログラム実行結果

■「往復する床」のプログラム

2つ目のギミックは、**「同じ場所を往復して移動し続ける床」**です。

＊

「アクション・ゲーム」ではお馴染みのギミックですね。

筆者が配置した「草ブロック（高）」は、左から5番目と6番目の間を広く空けていましたが、これは6番目の「草ブロック（高）」を動かしたかったからです。

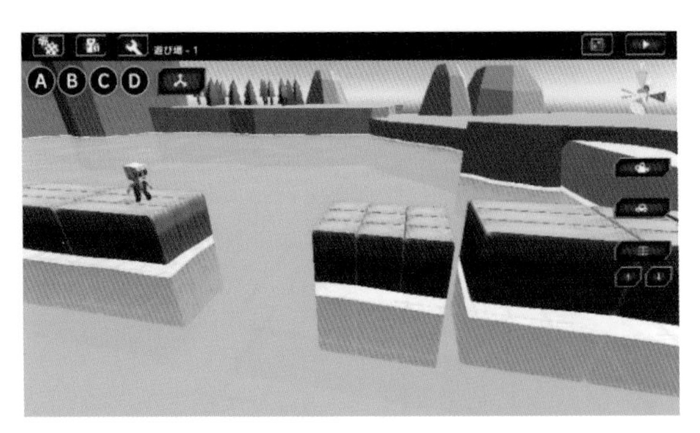

図04-2-18　6番目の「草ブロック（高）」

[手順]　「往復する床」を作る

[1]「草ブロック（高）」を往復させるため、まずは2つの変数「Float-X」「Float-dX」を作ってください。

【作成する変数】
変数「Float-X」：「草ブロック（高）」のX座標
変数「Float-dX」：「0.05」秒おきに「草ブロック（高）」を移動させる距離

「Float-dX」が「正の値」だと、「草ブロック」は右に動き、「負の値」だと左に動きます。

したがって、「草ブロック（高）」を往復させるには、端まで到達したとき、「Float-dX」に「-1」を掛けて符号を逆転させればいいわけです。

[2]往復する「草ブロック（高）」の中に**図04-2-19**のプログラムを作ってください。

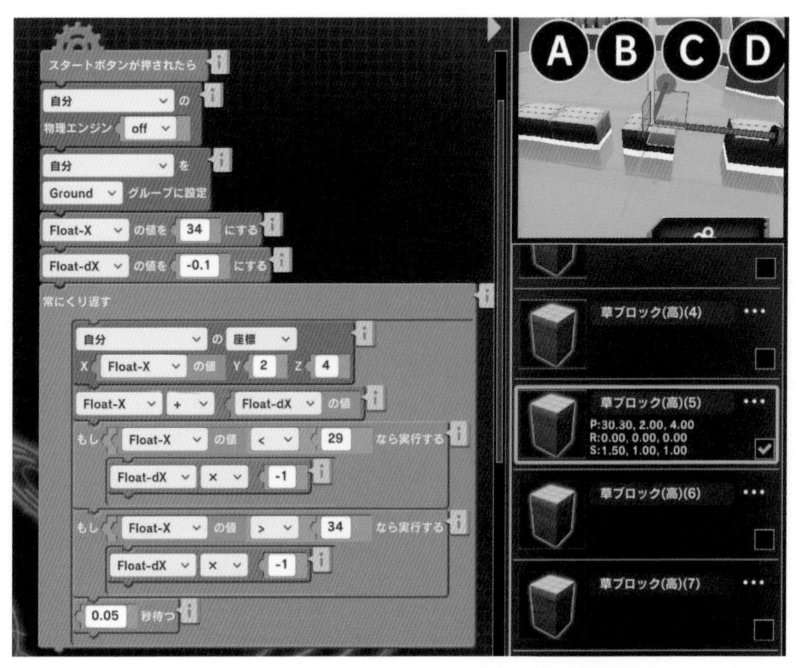

図04-2-19　往復する「草ブロック（高）」のプログラム

＊

「Float-dX」の初期値を「-0.1」にしてありますが、移動速度を変えたいときは、この値を調整します。

また、「移動範囲」を変えることでも、難易度の調整が可能です。

実際にプレイしながら、自分なりに「難易度」を調整してみてください。

※移動時間を遅くしすぎると、待たされる時間が長くなり、ゲームのテンポが悪くなってしまうので、注意です。

図04-2-20　プログラム実行結果

＊

ところで、人によっては、操作性に違和感があるかもしれません。
主人公が往復床の上に乗った場合、床と連動して動かないからです。

この問題を解決したい場合は、図04-2-21のように「店主」のプログラムを改良してください。

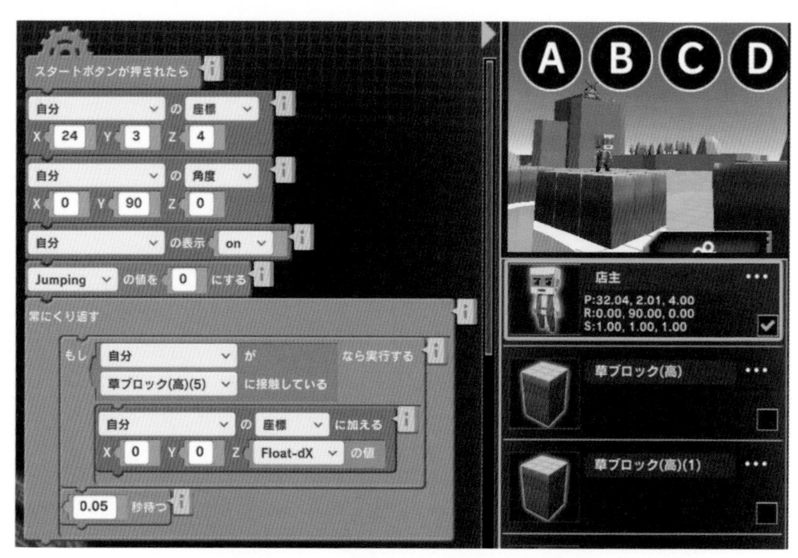

図04-2-21 「店主」のプログラム（追加）

自分が往復する「草ブロック（高）」に接触している場合は、自分のZ座標に「草ブロック（高）」の移動量「Float-dX」を追加することで、一緒に動くことができるわけです。

＊

これで対岸へと続く足場が完成しました。

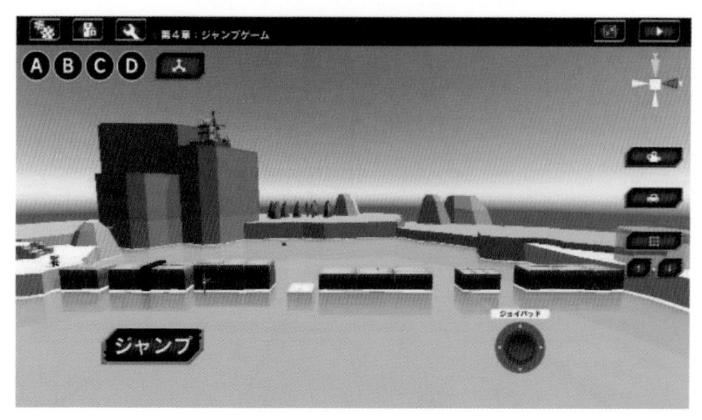

図04-2-22 足場の全景

4-3 「ジャンプ・ゲーム」の仕上げ

■ カメラの設定

「横スクロール型アクション・ゲーム」なので、「カメラ・アングル」は「サイドビュー」です。

*

主人公の動きに合わせてカメラも移動するように、「カメラ」の中に図04-3-1のプログラムを作ってください。

前方の地形がよく見えるように、主人公の位置がちょっと左側になるようにしたほうがいいでしょう。

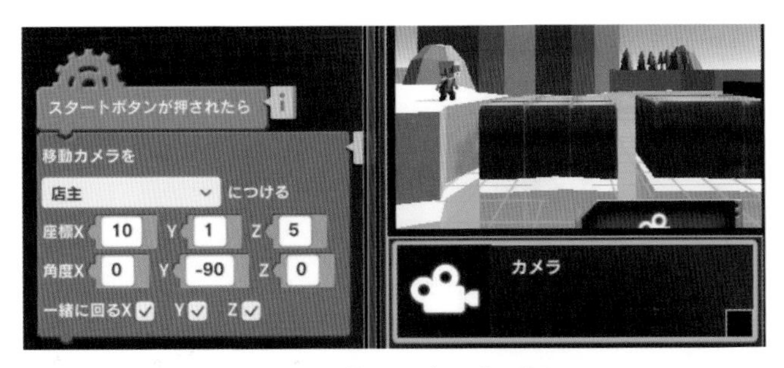

図04-3-1　「カメラ」のプログラム

■ BGMの設定

「背景」プログラムを作り、BGMを設定しましょう。

プレイしている間中ずっと鳴り続けるように、「ループ」を「(on)」にします。

【追加するオブジェクト】 サウンド「アクション」

*

また、ついでに背景も「Ground」グループに所属させておきましょう。

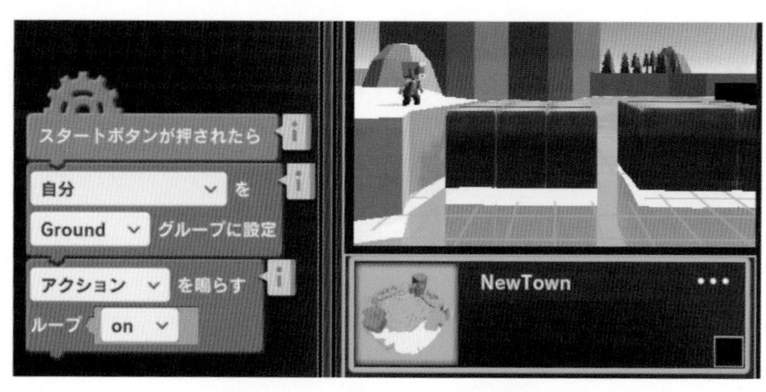

図04-3-2 「背景」のプログラム

■「ゲーム・クリア」の設定

対岸まで渡ることができたら「ゲーム・クリア」になるようにしましょう。

[手順] 「ゲーム・クリア」時のプログラム

[1] モデル「円柱」を追加し、これを「ゴール・エリア」にします。

【追加するオブジェクト】 モデル「円柱」

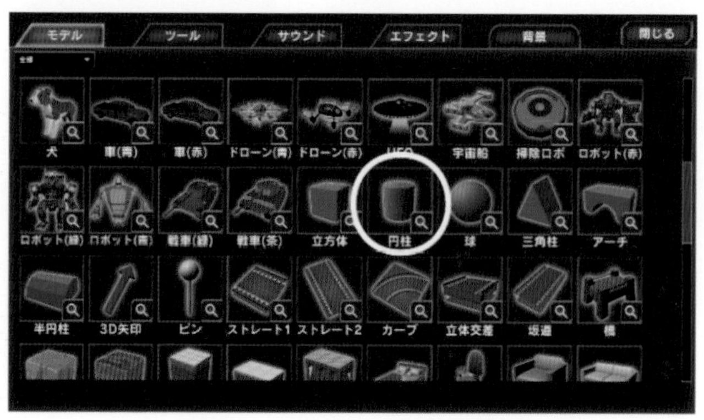

図04-3-3 モデル「円柱」の追加

[2]「ゴール・エリア」としてちょうどいいように、「円柱」の「位置」と「大きさ」を調整してください。

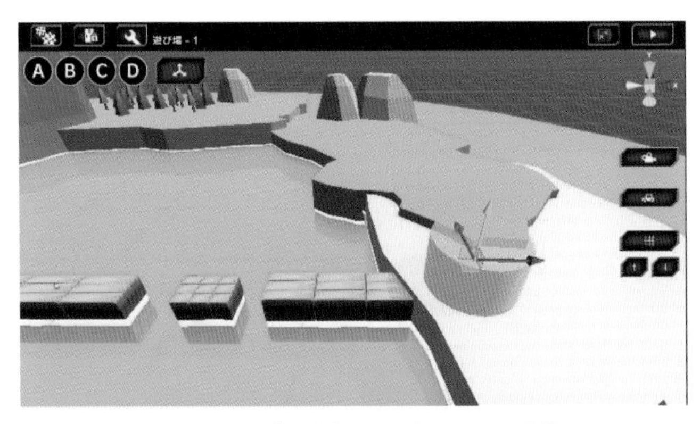

図04-3-4 「円柱」の位置と大きさの調整

[3]主人公が「円柱」の中に入れるように、「円柱」の「通過できる」を「(on)」にします。

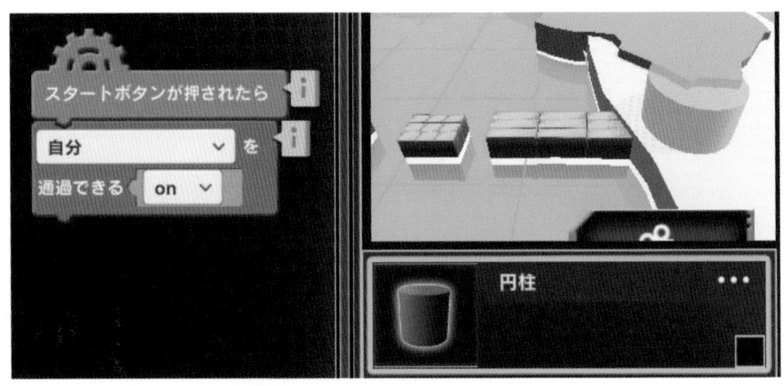

図04-3-5 「円柱」のプログラム

[4]「ゲーム・クリア！」というメッセージを画面に表示するため、ツール「テキスト四角形」を追加し、図04-3-6のプログラムを入れましょう。

四角形の「位置」と「大きさ」は、お好みで変えてください。

【追加するオブジェクト】
ツール「テキスト四角形」

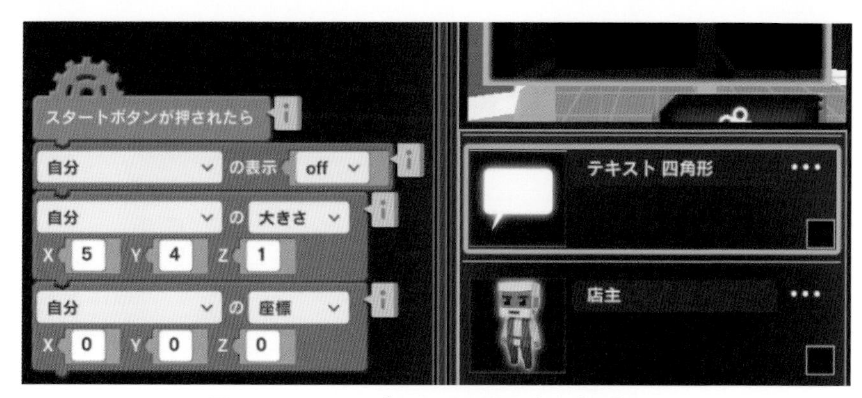

図04-3-6　ツール「テキスト四角形」のプログラム

[5]最後に、主人公が「円柱」に触れた場合の処理を、「店主」の中に作ります。

「ファンファーレ」として鳴らすサウンド「クリア2」も追加しておいてください。

【追加するオブジェクト】
サウンド「クリア2」

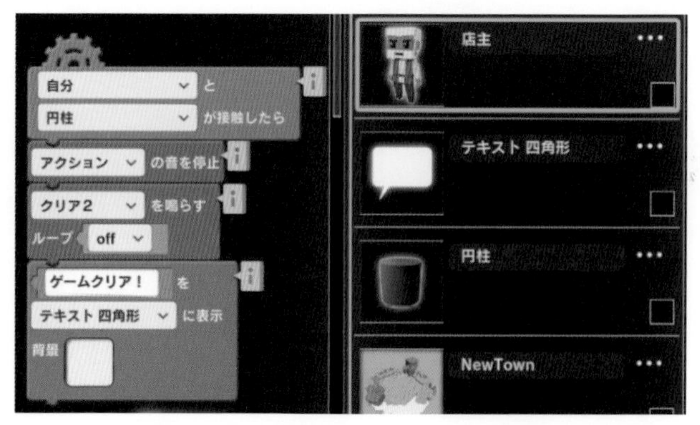

図04-3-7　「店主」のプログラム（追加）

プログラムをスタートしてみましょう。

＊

主人公が「円柱」の中に入ったとき、「クリア2」のサウンドが鳴って、画面に「**ゲーム・クリア！**」と表示されたら、成功です。

図04-3-8　プログラム実行結果

■「ダメージ床」のプログラム

「ゲーム・オーバー」の処理を作る前に、さらにゲームを面白くするため、2つの障害を追加してみようと思います。

1つ目は「触るだけで死んでしまうダメージ床」です。

[手順]　「ダメージ床」を作る

[1] 新たに「草ブロック（高）」を追加し、主人公が飛び越えられるぐらいの幅に細くして、どこかに配置してみましょう。

【追加するオブジェクト】
「草ブロック（高）」

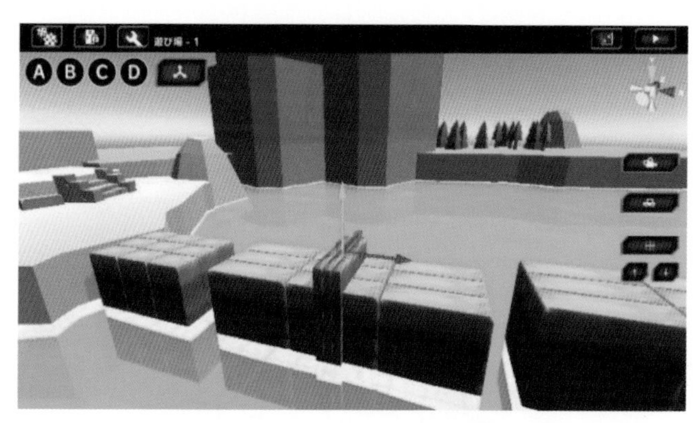

図04-3-9　「ダメージ床」の配置

[2]このあと、「敵キャラクタ」も登場させる予定なので、これらの障害物をまとめて扱えるように、グループを作っておきましょう。

名前は「Enemy」としておきます。

【作成するグループ】 グループ「Enemy」

図04-3-10　グループ「Enemy」の作成

[3]「ダメージ床」にする「草ブロック(高)」の中に図04-3-11のプログラムを作ります。

危険な感じに見えるように、「色」を「赤く」変えてみましょう。

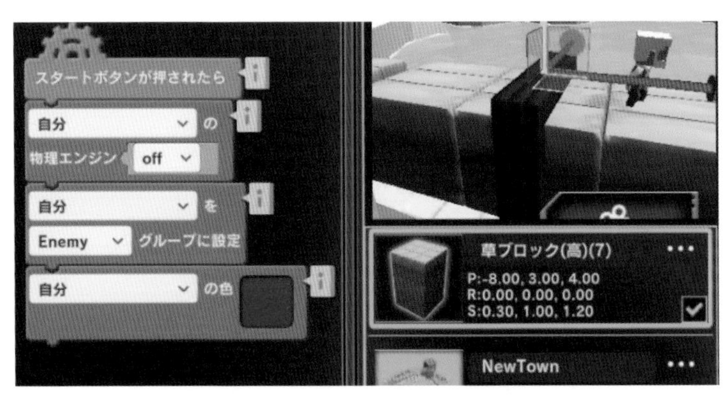

図04-3-11 「草ブロック（高）」のプログラム

このままでも充分に危険ですが、もっと難しくてもかまわないと思う人は、**図04-3-12**のようにプログラムを追加し、「ダメージ床」が上下運動するようにしてみましょう。

「0.5秒」で移動させる命令のあと、動く時間を確保するため「0.5秒待つ」ブロックを入れる必要があるので、注意が必要です。

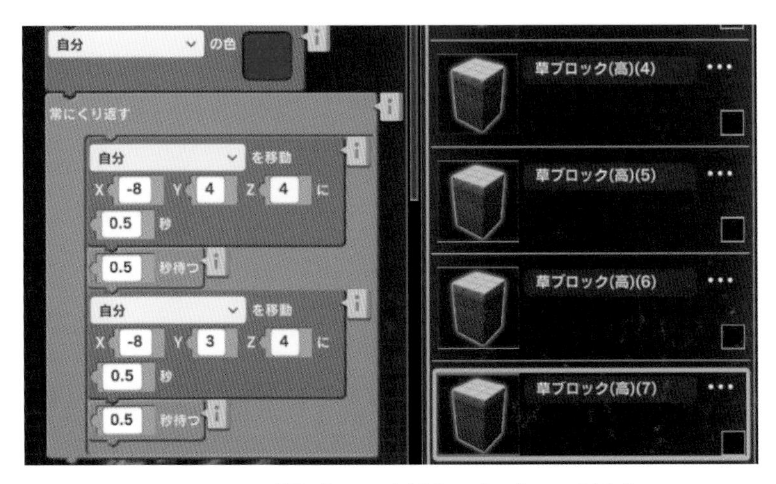

図04-3-12 「草ブロック（高）」のプログラム（追加）

プログラムをスタートさせ、難易度をチェックしましょう。

難しすぎず、簡単すぎないバランスが求められます。

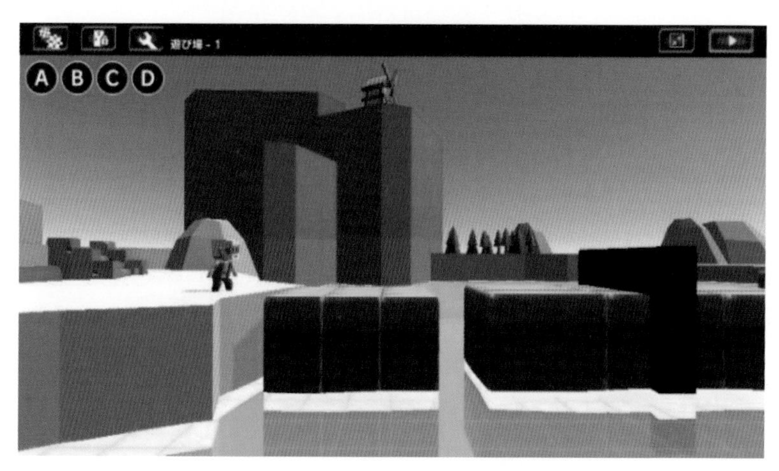

図04-3-13 プログラム実行結果

■「敵キャラクタ」のプログラム

最後になってしまいましたが、やはり「敵キャラクタ」も登場させたいですよね。

[手順] 「敵キャラクタ」を作る

[1]大きなキャラクタだと飛び越えるのが難しくなるので、「ニワトリ」を起用します。

【追加するオブジェクト】
モデル「ニワトリ」

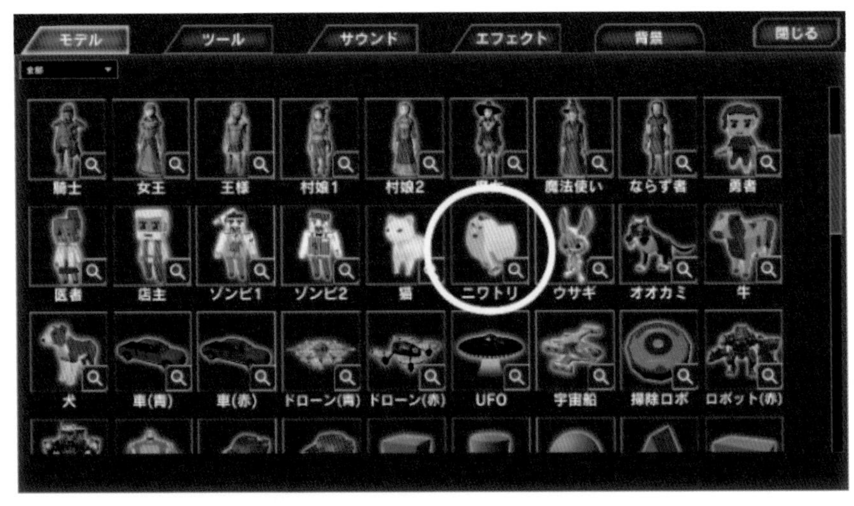

図04-3-14　モデル「ニワトリ」の追加

[2]「ニワトリ」を移動させ、登場地点を決めましょう。

「ニワトリ」に触れたら「ゲーム・オーバー」になるので、大きさを変えることで難易度を調整することもできます。

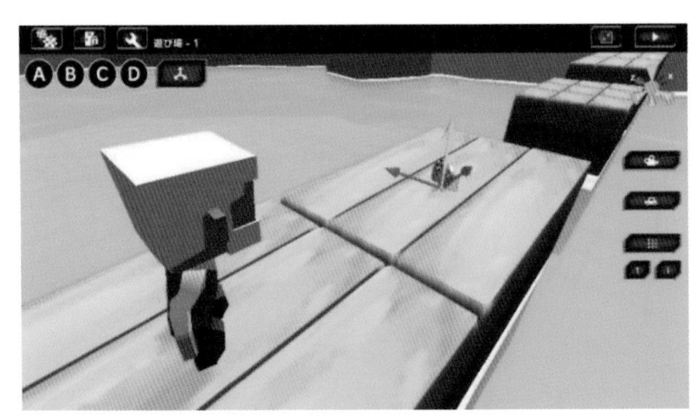

図04-3-15　「ニワトリ」の配置

[3]ニワトリの中に、「同じ場所を行ったり来たりする」プログラムを作ります。

記述方法はいくつもありますが、**図04-3-16**ではシンプルに、「4秒前進したら、逆方向を向く」処理にしています。

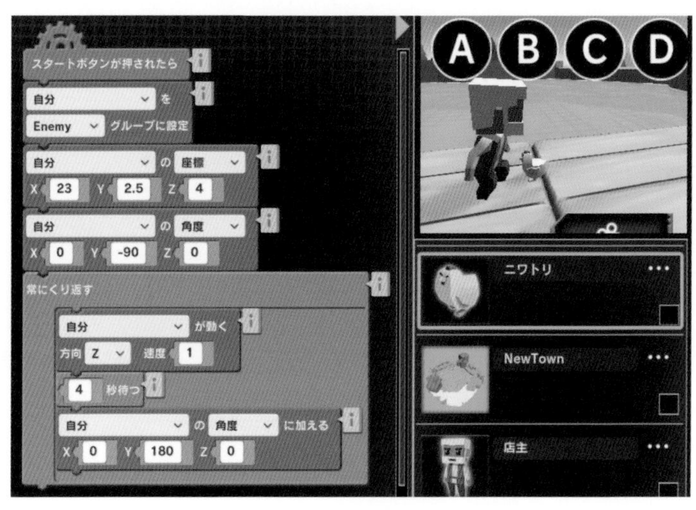

図04-3-16 「ニワトリ」のプログラム

プログラムをスタートさせ、動作を確認してみましょう。

この「ニワトリ」をコピーして2匹目の敵を配置してもいいですし、まったく違う敵を用意しても面白くなりますね。

図04-3-17 プログラム実行結果

■「ゲーム・オーバー」の設定

このゲームでは「ゲーム・オーバー」の条件が2つあります。

「水に落ちる」か、「Enemy グループに触れる」かです。

＊

2つの条件それぞれに似たようなプログラムを作るのは面倒なので、「マクロ・ブロック」を使って1つにまとめてみましょう。

プログラムの塊を「マクロ・ブロック」に共通化することで、同じプログラムを何度も書かずにすむようになります。

＊

マクロを作るには、まず「macro[default]」と書かれたブロックを「プログラミング・エリア」にドラッグし、「[default]」の部分を好きな名前に書き換えます。

ここでは「GAMEOVER」としました。

＊

すると、「命令ブロック・エリア」のいちばん下に、「GAMEOVER」と書かれたブロックが出現します。

この小さなブロックが、「macro[GAMEOVER]」の下に接続されたすべてのブロックと同じ意味をもつわけです。

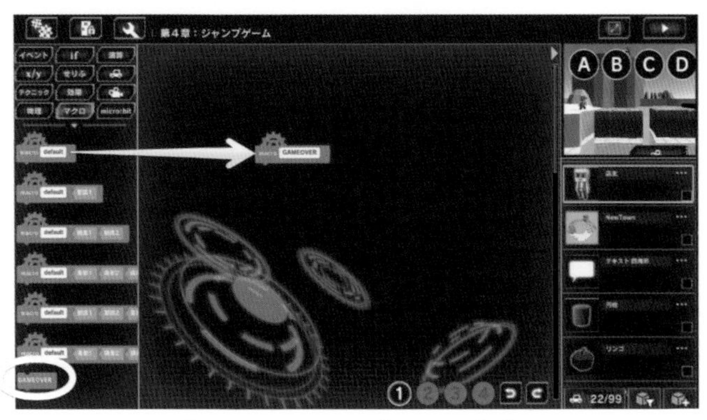

図04-3-18　マクロブロックの作成

＊

実際にマクロ「GAMEOVER」を使ってみたプログラムが、図04-3-20になります。

変数「Mode」を作っておいてください。

【作成する変数】
変数「Mode」：ゲームの状態

変数「Mode」は初期状態では「0」ですが、いったん「ゲーム・オーバー」になると「1」が代入され、もう二度と「ゲーム・オーバー処理」は行なわれなくなります。

【追加するオブジェクト】
エフェクト「爆死」
サウンド「ゾンビ（うめき）」

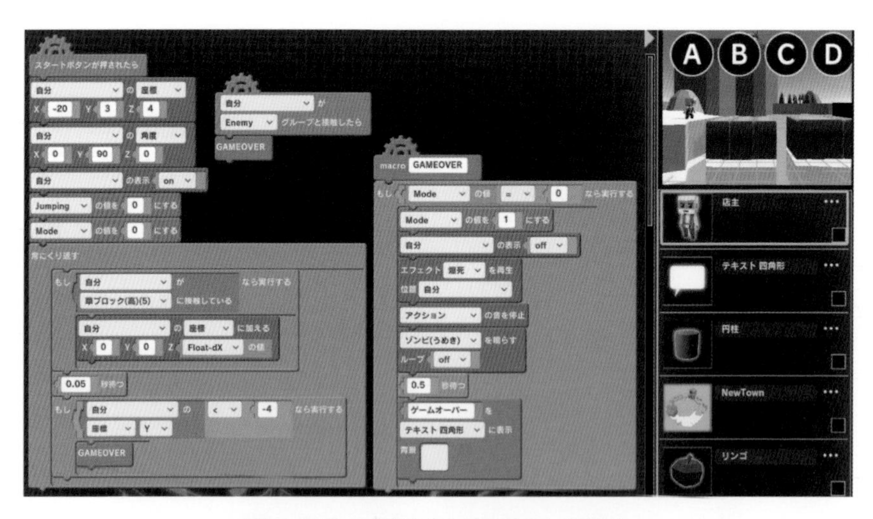

図04-3-19 「店主」のプログラム（追加）

「店主」のY座標が「-4」よりも小さくなったら、水没したと判断し、「ゲーム・オーバー」にしています。

＊

マクロを使うことで、「ゲーム・オーバー」の条件が2つあるにもかかわらず、プログラムがシンプルにまとめられていることがお分かりいただけたでしょうか。

プログラムを起動し、ミスをして「ゲーム・オーバー」になることを確認してみましょう。

図04-3-20　プログラム実行結果

■ 応用：カメラの変更

主人公の移動は2次元ですが、ゲームは3次元で作られているので、「カメラ・アングル」を変えて楽しむこともできます。

＊

図04-3-21のようにカメラのプログラムを変更し、主人公の背後から見た「カメラ・アングル」に変えてみましょう。

途端に「サードパーソン・ビュー」のゲームになりましたね。

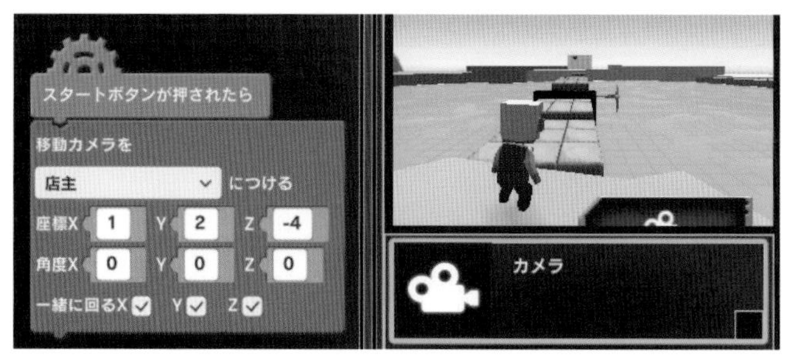

図04-3-21　「カメラ」のプログラム（変更）

＊

操作の変更も簡単です。

「方向キー」の左右で操作していたものを、上下に変えれば完了です。

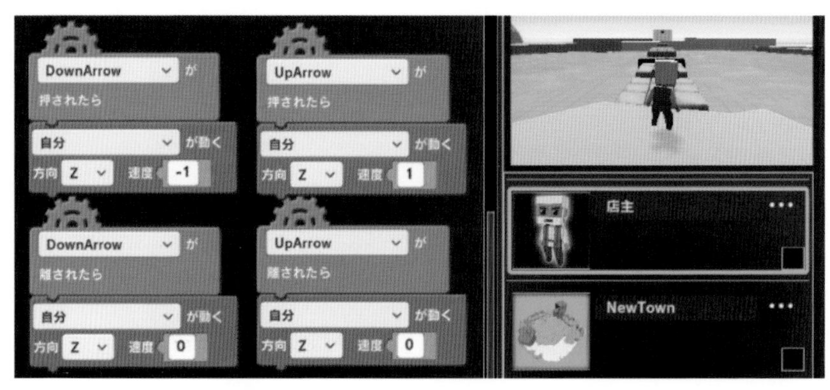

図04-3-22　「店主」のプログラム（変更）

遠近感がつかめないため、タイミングよくジャンプするのが難しくなってしまいますが、3Dのゲームは、カメラを変えるだけでも違うゲームのように楽しむことができますね。

図04-3-23　プログラム実行結果

第5章
「パズル・ゲーム」を作る

この章では、いわゆる「落ちものパズル・ゲーム」を作ってみます。
操作方法はボールをクリックするだけなので、とてもシンプルです。

5-1 「パズル・ゲーム」の準備

■ ゲームの詳細

今回作る「パズル・ゲーム」は、以下のようなものにします。

・ルール

「クリック」(タップ)することで「ボール」を消します。
同色の「ボール」が隣接していると、連鎖して消えます。
「連鎖数」が多いほど高得点が得られ、追加される「ボール」の数は増えます。
すべての「ボール」がなくなった時点での、スコアを競います。

・操作方法

クリック：ボールを消す。

図05-1-1　完成イメージ

このゲームの製作では、(a)「**オブジェクト同士を連鎖させる方法**」や、(b)「**得点計算の方法**」について学びます。

■ 背景の準備

[手順] 背景とカメラの調整

[1]「遊び場」を選んだら、背景を「島」に変更してください。

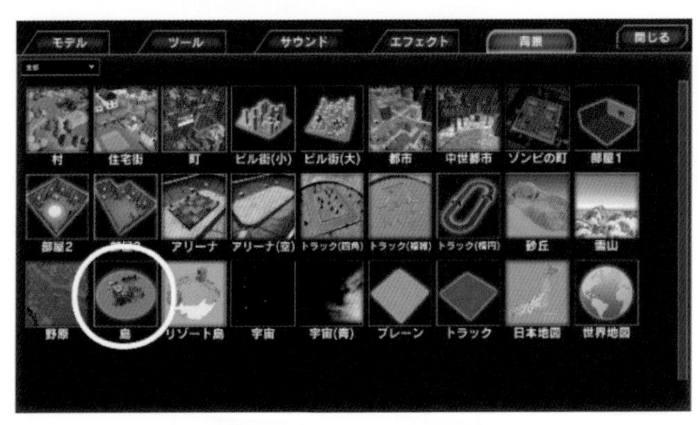

図05-1-2 背景「島」の選択

※「島」にはさまざまな地形が含まれており、いろいろなゲームに応用できそうですが、今回は左上にある「祭壇」(紫色に光る場所)を背景として利用します。

図05-1-3 背景「島」の全景

[2]カメラを「祭壇」に近づけ、詳細を確認してみてください。

図05-1-4 「祭壇」

よく見ると、「照明」が右（X軸方向）から当たっていることが分かると思います。

そこで、オブジェクトにしっかりと照明が当たるように、右側から見たアングルでゲームを作ることにします。

[3]カメラを操作し、プレイしやすそうな「位置」と「角度」に調整してください。

図05-1-5 カメラの調整

■ 壁の準備

「ボール」を横から支えるために、「祭壇」の左右に壁を設置します。

[手順] 壁を作る

[1] まずは「左側の壁」を作るため、モデル「立方体」を追加してください。

【追加するオブジェクト】
モデル「立方体」

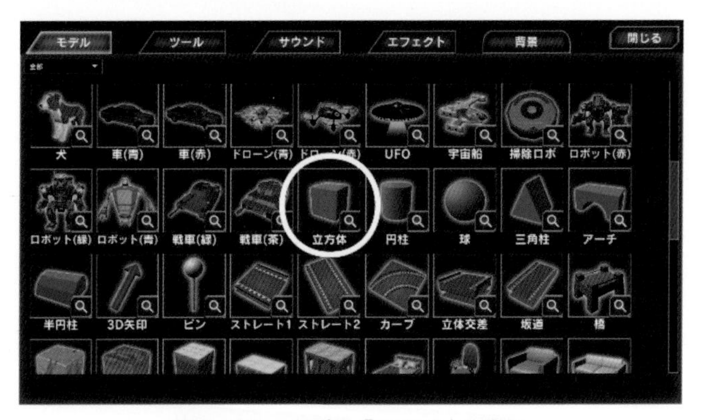

図05-1-6 モデル「立方体」の追加

[2] 「立方体」の中に、初期設定のプログラムを作りましょう。

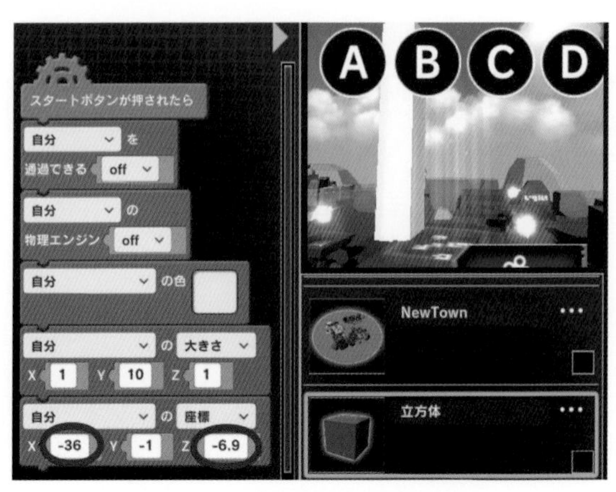

図05-1-7 「立方体」のプログラム

[3]物理エンジンを「(off)」にすることで、ボールの衝撃が加わっても動かないようにします。

ボールが上からこぼれてしまわないように、やや大げさに高くしてあります。

[4]**プログラムを実行**し、「左側の壁」が「祭壇」の左側に隣接して立っていることを確認してください。

図05-1-8 プログラム実行結果

[5]先ほどのプログラムでは座標に直接数字を打ち込みましたが、今後はこの「左側の壁」の位置を基準にして他のオブジェクトを設定していくので、壁の「X座標」と「Y座標」を「変数」にしておきましょう。

そうすることで、「壁の位置」を調整したり別の場所に移動したりする場合に、変数の初期値を変えるだけで対応できるようになります。

【作成する変数】
変数「Base-X」:左側の壁のX座標
変数「Base-Z」:左側の壁のZ座標

図05-1-9 「立方体」のプログラム（修正）

今回のゲームは固定画面なので、早めに「カメラ」の設定もしておきましょう。

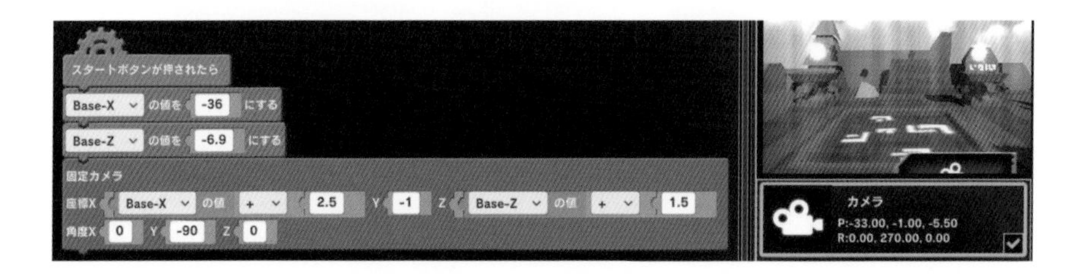

図05-1-10 「カメラ」のプログラム

「固定カメラ」の位置は、「左側の壁の座標」を基準として設定します。

変数「Base-X」「Base-Z」は、今後いろいろなところで使われる可能性が高いので、カメラの中で初期値を設定します。

カメラのプログラムは常に最初に実行されるからです。

※カメラを「祭壇」に向けるため、「Y軸の角度」を[-90]に設定しています。

[6]続いて「右側の壁」を作りましょう。

「立方体」をコピーし、Z軸のブロックだけを修正してください。

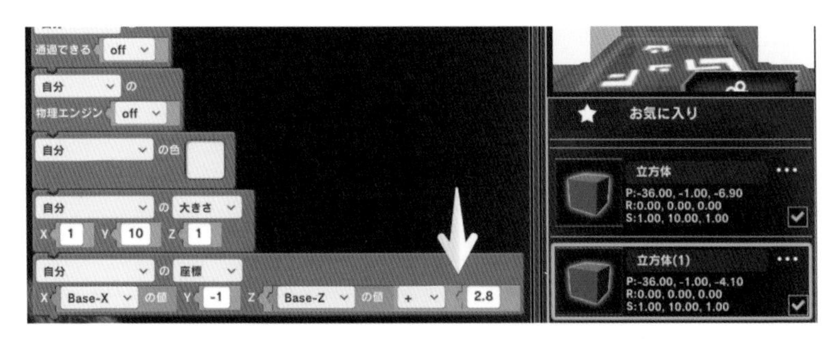

図05-1-11 「立方体（1）」のプログラム

プログラムを実行してください。

ステージの左右に壁が隣接して立っていれば成功です。

図05-1-12 プログラム実行結果

壁と壁の距離を変えると、横に並ぶボールの最大数が変わります。

今回はボールが横に「7個」並ぶ距離にしましたが、自分なりに変えてみると楽しいと思います。

＊

ところで「前後に壁はなくてもいいの？」と疑問を感じるかもしれません。

確かに四方を壁で囲ってもよいのですが、今回のゲームではボールは前後方向に動く必要がまったくないので、ボールの前後の位置はプログラムによって固定することにしました。

後ほど説明します。

＊

※2本の壁が邪魔に感じる人は「(自分)の色」ブロックの「カラー・パレット」を開き、「A（不透明度）」を「0」にして、見えなくしてしまいましょう。

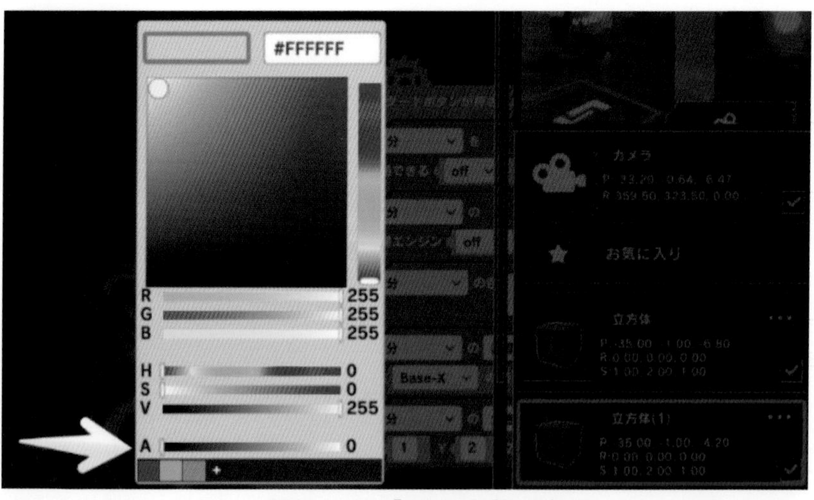

図05-1-13 「カラー・パレット」

■「ボール」の準備

今回のゲームの主役とも言える「ボール」を準備しましょう。

【追加するオブジェクト】
モデル「サッカーボール」

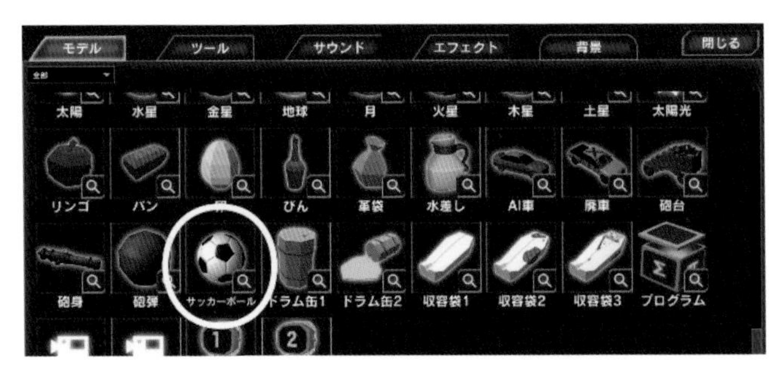

図05-1-14　モデル「サッカーボール」の追加

ボールは「赤」「緑」「青」「黄」の4色を用意します。

名称が「サッカーボール」のままでは分かりにくいので変更しておきましょう。

＊

まずは赤色から作るので、今回は「赤ボール」に変更してみました。
「赤ボール」の中に、**図05-1-15**の「初期設定プログラム」を作ってください。

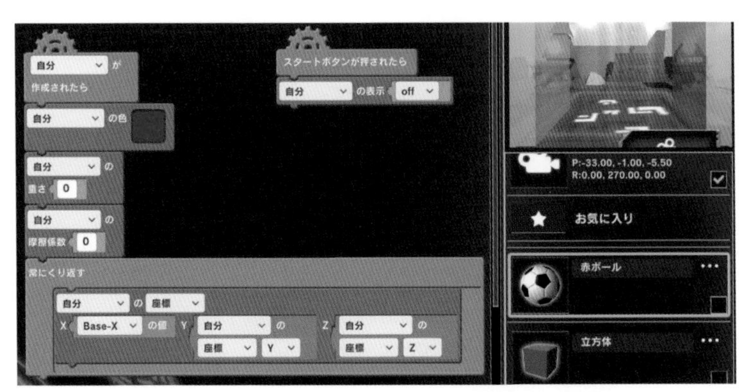

図05-1-15　「赤ボール（サッカーボール）」のプログラム

＊

ボールが積み上がった場合に重量で押しつぶされないように、「重さ」を「[0]」としました。
「摩擦係数」は「[0]」としましたが、お好みで調整してください。

ボール同士が接触した際の動きが変わります。

＊

最後の**「常にくり返す」**ブロックは、ボールを前後方向に動かないようにするための処理です。

「Y座標」と「Z座標」には手を加えず、「X座標」のみ、常に「壁」と同じになるようにしています。

＊

「緑ボール」を作るため、「赤ボール」をコピーしてください。

名称を「緑ボール」に変更し、**図05-1-16**のように**「(自分)の色」**を緑色に変更します。

他のプログラムは「赤ボール」と共通です。

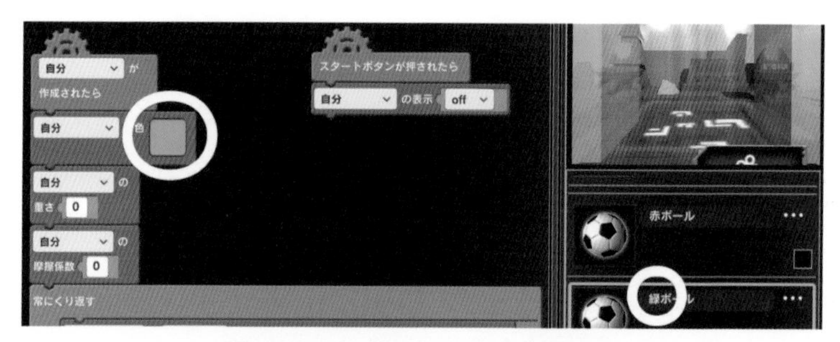

図05-1-16 「緑ボール」のプログラム

同様の手順で「青ボール」と「黄ボール」も作ってください。

異なるのは「名称」と「色」だけです。

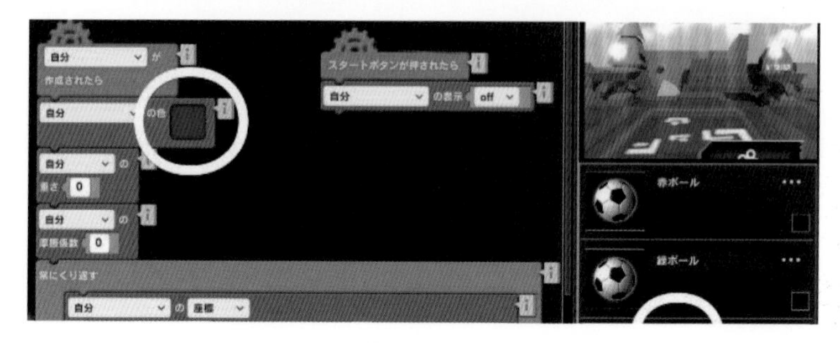

図05-1-17 「青ボール」のプログラム

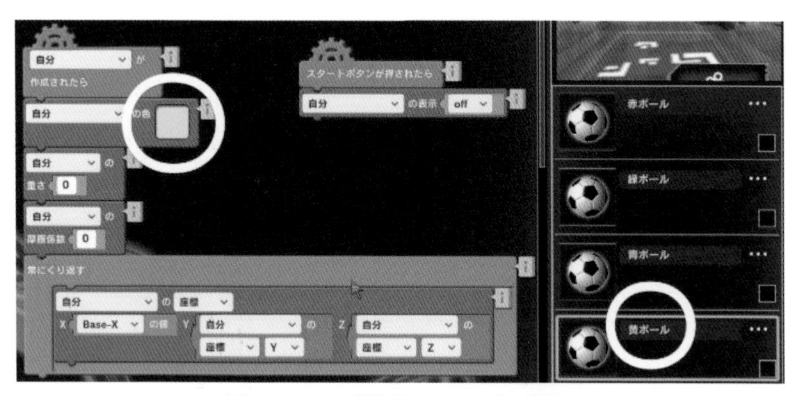

図05-1-18　「黄ボール」のプログラム

5-2　「パズル・ゲーム」の基本プログラム

■「ボール」を生成するプログラム

背景の「島」にボールを生成するプログラムを作りましょう。

【作成する変数】
変数「Now-Z」:「左側の柱」からボール発生地点までの距離(Z座標の差)。
変数「Ball」:表示されているボールの総数。これがゼロになるとゲーム終了です。
変数「Rnd」:発生させた乱数(1から4まで)の値。

【追加するオブジェクト】
サウンド「のんびり」

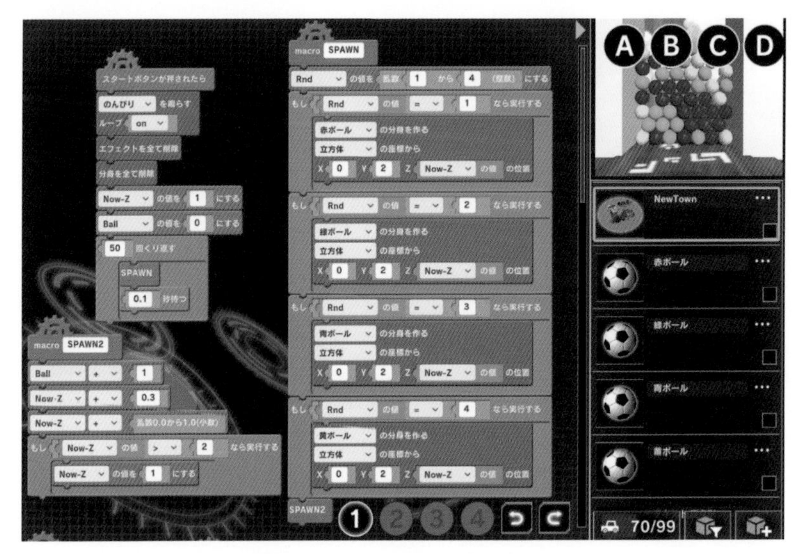

図05-2-1 「背景」のプログラム

演出としてさまざまなエフェクトを使うことになるので、念のため、スタート時に「エフェクトをすべて削除」する命令を入れています。

＊

「1」から「4」までの「乱数」を発生させ、その値に応じて異なる色のボールを生成する仕組みです。

ボールを短時間に同じ場所に発生させるとボール同士がぶつかってしまうので、発生させるたびに位置をズラし、壁にぶつかりそうになったら、元の位置に戻しています。

＊

また、ボールが1列に積み上がってしまうことを避けるため、さらに小さな「振れ幅」の乱数で位置をズラしています。

マクロを「SPAWN」と「SPAWN2」に分けているのは、画面レイアウトの都合です。

実際には1つにまとめて書いても同じです。

＊

プログラムを実行してみましょう。
上空から「50」個のボールが降り注いだら、成功です。

図05-2-2 プログラム実行結果

■ ボールがクリックされた際のプログラム

ボールがクリックされたら、隣接している同色のボールに、そのメッセージを伝えてから消えるプログラムを作りましょう。

[手順] ボールを消すプログラムを作る

[1] まずはエフェクト「爆発（小）」を追加し、サイズがボールと同じぐらいになるように、プログラムで小さくしておいてください。

【追加するオブジェクト】 エフェクト「爆発（小）」

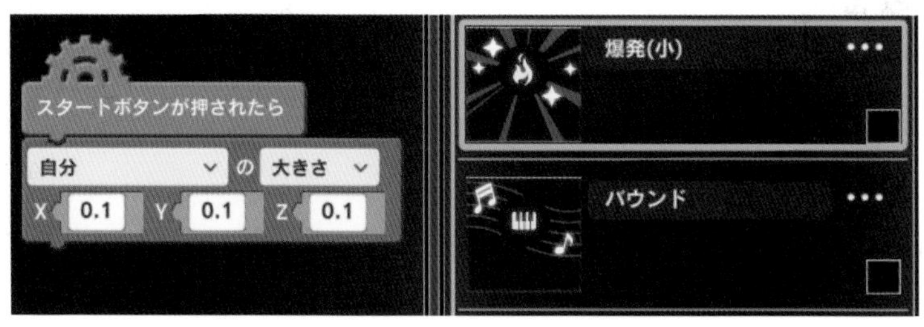

図05-2-3 エフェクト「爆発（小）」のプログラム

[2]メッセージを伝える方法ですが、①自分を「色別のグループ」に所属させたあと、②「通過」を「(on)」にして「大きさを大きくする」ことで、「隣接する同色のボール」が、「(自分)が( )グループと接触したら」の「イベント」に反応できるようにします。

【作成するグループ】
グループ「Red」:赤ボールが所属するグループ
グループ「Green」:緑ボールが所属するグループ
グループ「Blue」:青ボールが所属するグループ
グループ「Yellow」:黄ボールが所属するグループ

【追加するオブジェクト】
サウンド「バウンド」
サウンド「銃弾Hit」
サウンド「ビーム」
サウンド「魔法4」

*

「背景」の中に図05-2-4のプログラムを作ってください。

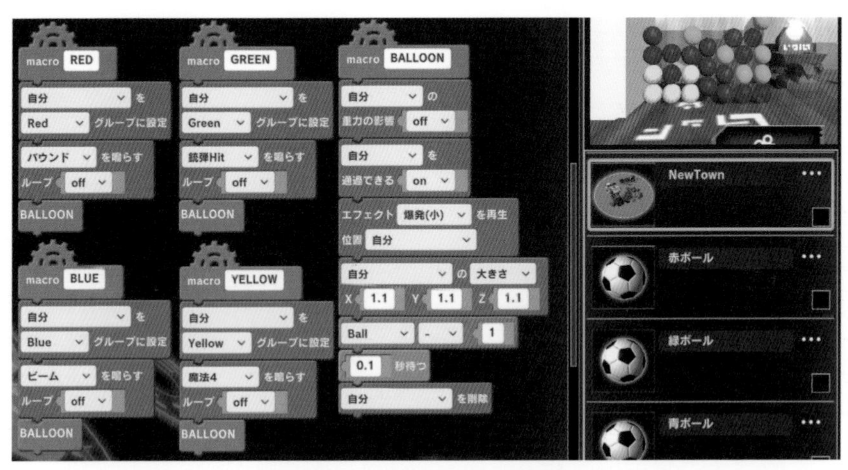

図05-2-4 「背景」のプログラム

「(自分)を通過できる」を「(on)」にすると、重力に引かれて落下してしまうので、その前に、**「(自分)の重力の影響」**を「(off)」にしています。

*

ボールが消えるときの効果音は「色」ごとに違うほうが面白いので、4つの「サウンド」を充てていますが、もちろん他の音でもかまいませんし、すべて同じ音でも問題ありません。

*

「サウンド」だけでなく、「エフェクト」も「ボールの色」ごとに変えてもいいかもしれません。

■ 連鎖に反応するプログラム

続いて4つのボールにプログラムを追加します。

*

(A)「自分がクリックされた場合の処理」と、**(B)「隣接している同色のボールが爆発した場合の処理」**を作ります。

※隣接している同色のボールが爆発すると自分も爆発するので、爆発が連鎖していくわけです。

【作成する変数】

変数「ChainR」：赤ボールの連鎖数
変数「ChainG」：緑ボールの連鎖数
変数「ChainB」：青ボールの連鎖数
変数「ChainY」：黄ボールの連鎖数
変数「Score」：ゲームの得点

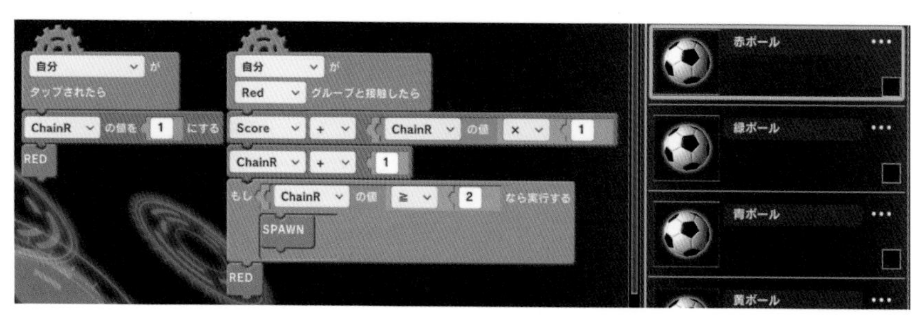

図05-2-5 「赤ボール」のプログラム（追加）

自分が「タップ」(クリック)されたら、"過去の「連鎖」は終了して新たな「連鎖」が開始される(かもしれない)"と判断し、連鎖数を「初期値[1]」に戻します。

また、「連鎖して爆発」する際に得点を加算します。

*

同様の手順で、「緑ボール」「青ボール」「黄ボール」にもプログラムを追加してください。

*

どんなルールにするかは自由ですが、ここでは以下のようなルールにしています。

- 追加される得点は「連鎖数×定数」ですが、「定数」はボールの色によって異なります。
  「赤ボール＝1」「緑ボール＝2」「青ボール＝3」「黄ボール＝4」です。
- 連鎖数が一定値を越えるとマクロ「SPAWN」によって新しいボールが生成されますが、その「連鎖数」もボールの色によって異なります。
  「赤ボール＝2連鎖」「緑ボール＝3連鎖」「青ボール＝4連鎖」「黄ボール＝5連鎖」です。
- ルールが複雑すぎるのも問題ですが、「色による違い」は何かあったほうが、消す順番に戦略性が生まれるため、ゲームとして面白くなります。

---

*

図05-2-6は「緑ボール」の追加プログラムです。

図05-2-6 「緑ボール」のプログラム(追加)

同様に、「青ボール」と「黄ボール」にもプログラムを追加してください。

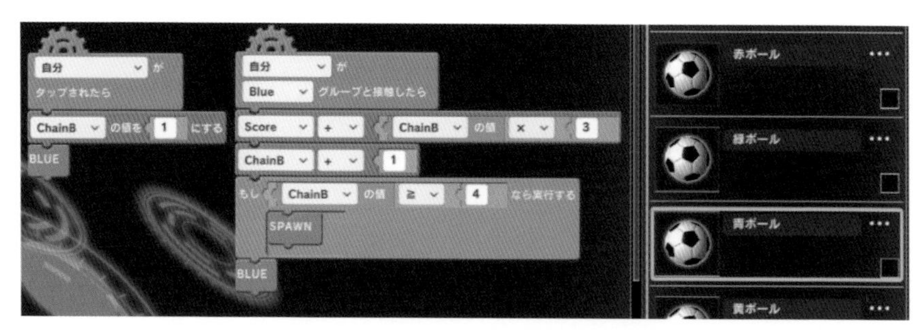

図05-2-7 「青ボール」のプログラム (追加)

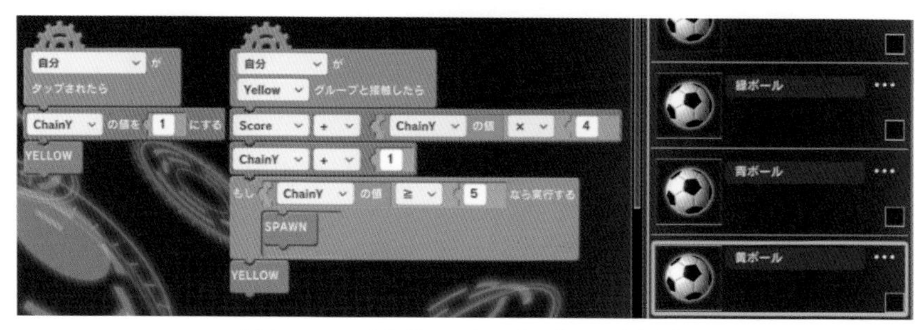

図05-2-8 「黄ボール」のプログラム (追加)

＊

プログラムを実行し、ルールどおりに連鎖が発生し、新しいボールが生成されることを確認してください。

図05-2-9 プログラム実行結果

5-3 「パズル・ゲーム」の仕上げ

■「得点表示」のプログラム

常に現在の得点が表示されるようにしましょう。

【追加するオブジェクト】
ツール「テキスト四角形」

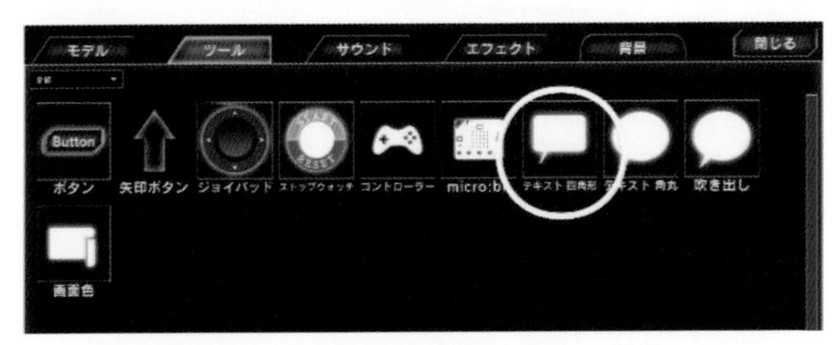

図05-3-1　ツール「テキスト四角形」の追加

「テキスト四角形」の中に、**図05-3-2**のプログラムを作ってください。

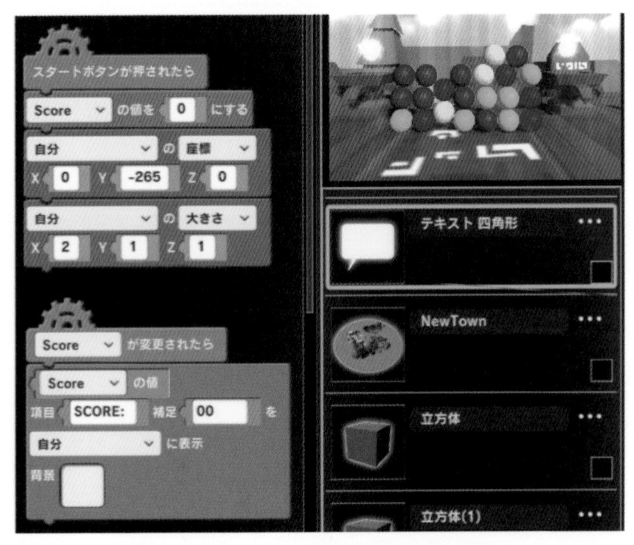

図05-3-2　「テキスト四角形」のプログラム

数値は大きいほど嬉しいので、得点の数字は、表示する際に桁を2つ水増ししています。

実質「81」点でも、表示上は「8100」点となるわけです。

*

プログラムを開始し、得点計算がルールどおりに行なわれていることを確認しましょう。

図05-3-3 プログラム実行結果

■「ゲーム・オーバー」のプログラム

今回のゲームは「クリア条件」を設定していません。

*

すべてのボールがなくなったら「終了」(ゲーム・オーバー)となります。

ボールの数は変数「Ball」に保存されているので、判定は簡単ですね。

「テキスト四角形」の中に図05-3-4のプログラムを追加してください。

【追加するオブジェクト】
エフェクト「紙吹雪」
サウンド「クリア1」

図05-3-4 「テキスト四角形」のプログラム（追加）

プログラムをスタートし、ボールがなくなったとき、正常に「ゲーム・オーバー処理」が実行されることを確認してください。

図05-3-5 プログラム実行結果

以上でゲームは完成です。

＊

「連鎖条件」や「得点の計算式」をいじるだけでも攻略方法は変わってくるので、いろいろとアレンジが楽しめると思います。

「連鎖数」や「得点」が一定値を越えたときにボーナスを発生させてもいいですし、「クリア条件」を設定してステージを攻略していくタイプのゲームにしてもいいですね。

第6章
「FPS」を作ってみよう

1人称視点でプレイするシューティング・ゲーム「FPS」（ファーストパーソン・シューティングゲーム）を作ります。
遊びごたえがあって、拡張性が高いジャンルと言えるでしょう。

6-1 「FPS」の準備

■ ゲームの詳細

今回作る「FPS」は、次のようなものです。

・ルール

ボスの弱点を破壊したら、「ゲーム・クリア」。
敵や敵の爆弾に触れたら、「ゲーム・オーバー」。

・操作方法

WASDキー：主人公の移動。
方向キー：照準の移動。
スペース：射撃。

図06-1-1　完成イメージ

ここでは、(a)**「他のオブジェクトの位置を基準にしてオブジェクトを動かす方法」**や、(b)**「タイトル画面の作り方」**などを学びます。

■ 背景の準備

今回は「村」を背景として使います。

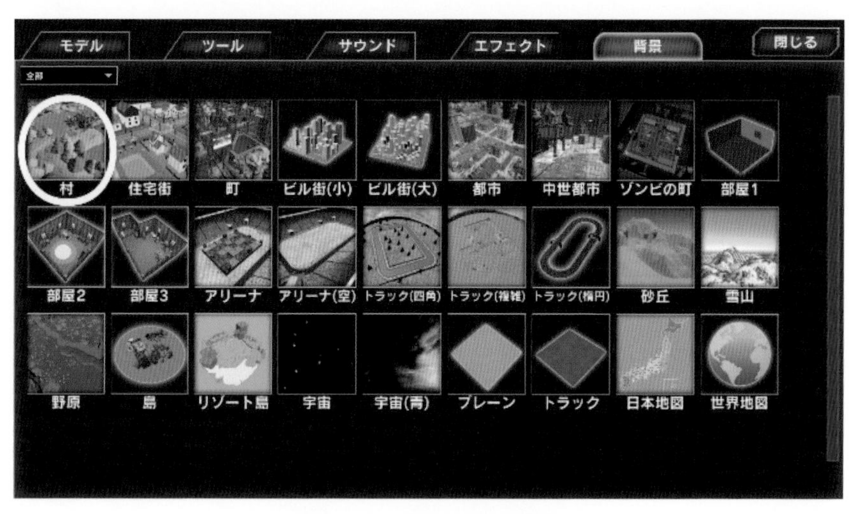

図06-1-2 背景「村」の選択

この「村」は、右上の原点から左下まで曲がりくねった道がつながっており、敵を倒しながら進むようなゲームにはもってこいの背景です。

図06-1-3　背景「村」の全景

■ 主人公の準備

「FPS」の場合、主人公は基本的に画面に映らないのですが、今回は「医者」を主役として抜擢しようと思います。

【追加するオブジェクト】
　モデル「医者」

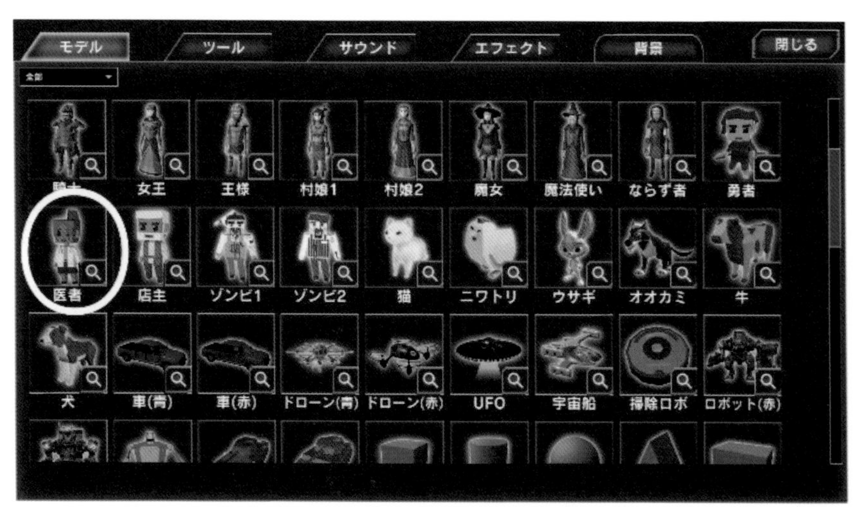

図06-1-4　モデル「医者」の追加

ただ、「シューティング・ゲーム」なのに主人公が「銃」を持っていないのは変だと感じる人もいるかもしれません。

筆者の脳内では**図06-1-5**のような主人公をイメージしています。

図06-1-5　主人公のイメージ

「脳内で想像するのは難しい」と感じる人は、モデル「砲身」を追加し、**図06-1-6**のプログラムを入れてみてください。

（ゲーム画面には表示されないので、ほとんど意味はありませんが）

【追加するオブジェクト】 モデル「砲身」

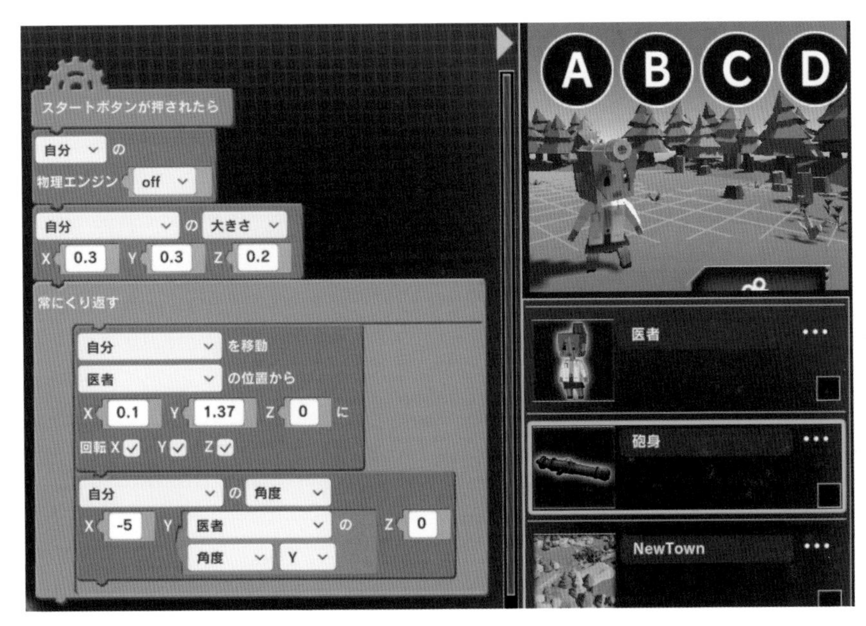

図06-1-6 「砲身」のプログラム

この"「砲身」を「医者」の頭部に固定する方法"が、この章で何度も使うことになる基本テクニックです。

＊

「常にくり返す」ループの中で、基準となるオブジェクト（今回は「医者」）から「相対座標」で指定した位置へと移動し続けることで、オブジェクトを連動して動かすことができるのです。

＊

図06-1-6のプログラムの場合は「Y軸の角度」も「医者の角度」と同じにしているため、医者が向きを変えれば、砲身も追従して向きを変えます。

＊

さて、**主人公の初期の「座標」と「角度」**を設定しましょう。

場所は「原点」で問題なさそうです。

図06-1-7 「医者」のプログラム

＊

主人公をキーボードのキーで移動させるプログラムを作りましょう。

今回のゲームでは右手で照準の微調整をやりたいので、移動は左手で行なうことにします。

ここではオーソドックスな「WASD」キーによる移動としましたが、左手を「ホーム・ポジション」から動かしたくない人は「ESDF」キーにしてください。

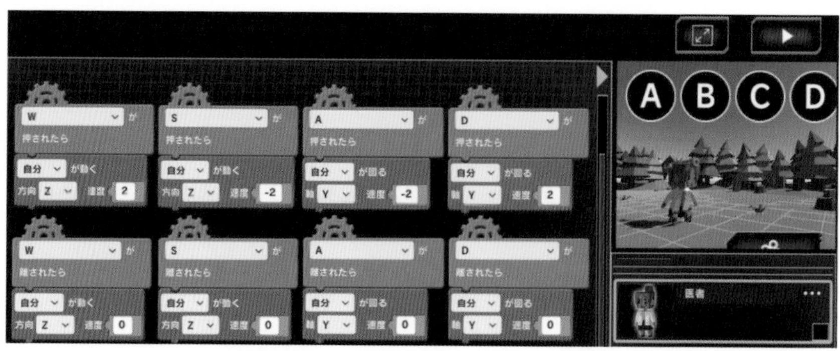

図06-1-8 「医者」のプログラム（追加）

今回のゲームでは照準によって微妙な狙い撃ちができるので、「回転速度」は速めに設定しています。

＊

主人公の移動を「ジョイパッド」で操作したい場合は、**図06-1-9**のプログラムになります。

今後、もう1つの「ジョイパッド」を追加する予定があるので、区別しやすいように名称を「移動」に変えておいてください。

【追加するオブジェクト】 ツール「ジョイパッド」

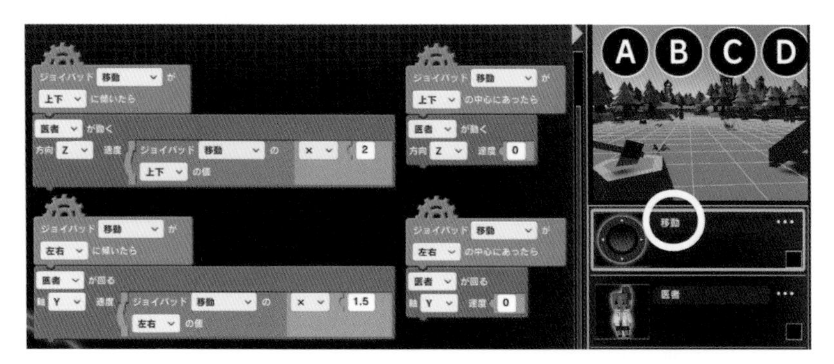

図06-1-9　「移動」(ジョイパッド)のプログラム

■ カメラの設定

「FPS」は「1人称視点」で遊ぶゲームなので、「カメラ」を「主人公の顔の前」あたりに固定しましょう。

どうしても主人公の姿が見たいという人は、「ボタンA」を押したとき、3人称視点に切り替わるようにしてもいいと思います。

(ただし、標的を正確に狙うのが難しくなります)

図06-1-10　「カメラ」のプログラム

※「キャラクタ・モデル」の原点は足元にあるので、「Y座標」(高さ)は少し高めに設定しています。
「Z座標」を「正の値」にすると、カメラはキャラクタよりも前に設置されます。

■「タイトル画面」の作成

せっかくなので、今回は「タイトル画面」も作ってしまいましょう。

【追加するオブジェクト】
ツール「テキスト四角形」

[手順] 「タイトル画面」を作る

[1]「テキスト四角形」は他にも追加予定があるので、分かりやすいように名称を「タイトル」に変えておきましょう。

[2]「スタート・ボタン」が押されたら画面の中央に大きくタイトルが表示されるように、**図06-1-11**のプログラムを作ってください。

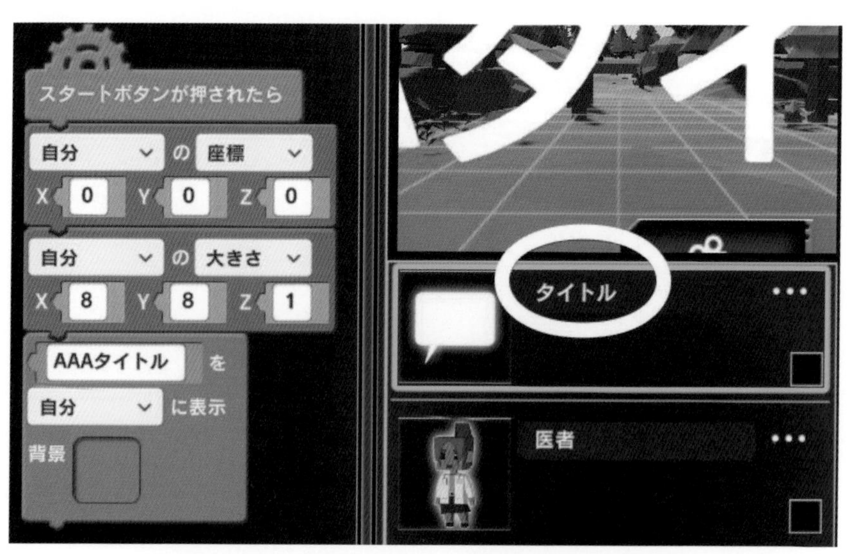

図06-1-11 「タイトル」(テキスト四角形)のプログラム

ここでは「タイトル」を仮に「AAAタイトル」にしていますが、お好きなタイトルに変えてください。

[3]「背景色」の「不透明度」を「0」にして、「タイトルの背景」を「透明」にしました。

図06-1-12　プログラム実行結果

さらに、市販のゲームのように、「プレイ」と書かれたボタンを押したらゲームがスタートするようにしてみましょう。

【追加するオブジェクト】
ツール「ボタン」

[手順]　「プレイ」ボタンを作る

[1]「ボタン」も今後追加予定なので、名称を「プレイ」に変えておいてください。

[2]プログラム開始時の処理と、「ボタン」がクリック（タップ）された場合の処理を作りましょう。

図06-1-13　「プレイ」(ボタン)のプログラム

[3]プログラムを実行し、「プレイ」ボタンをタップしたら、タイトルとボタンが消えることを確認してください。

図06-1-14　プログラム実行結果

これだけだとタイトル画面としてはちょっと味気ないですね。

タイトル画面だけカメラの位置を変え、「キャラクタ」なども配置し、ボタンを押したら通常のカメラに切り替わるようにすると、もっとゲームらしくなります。

6-2 「FPS」の基本プログラム

■「照準」のプログラム

[手順] 「照準」を表示する

[1] モデル「アーチ」を追加してください。

「アーチ」の形状が銃の「照門」に似ているので、ターゲットに狙いをつける「照準」として使えそうです。

【追加するオブジェクト】
モデル「アーチ」

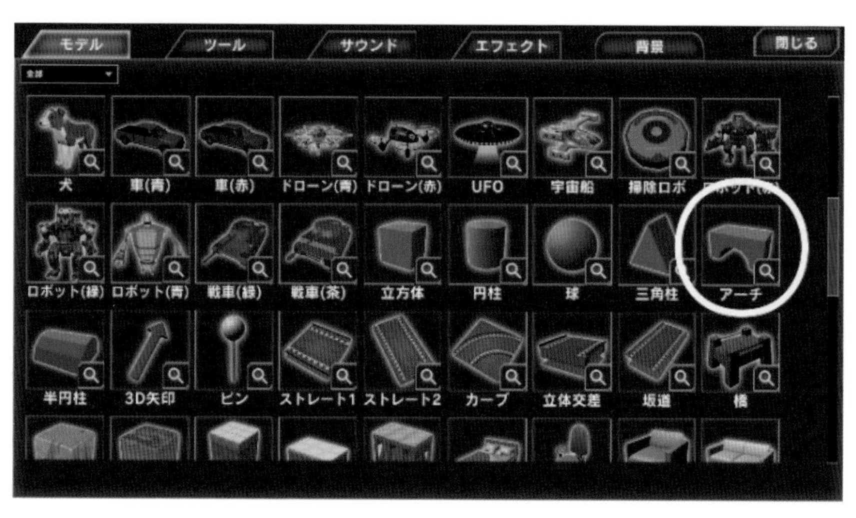

図06-2-1 モデル「アーチ」の追加

[2]「アーチ」を動かすプログラムを作りましょう。

「常にくり返す」ループを使い、主人公「医者」の原点(足元)に対する「相対座標」(Aim-X, Aim-Y)へ常に移動し続けるプログラムです。

【作成する変数】
変数「Aim-X」:「アーチ」のX座標（「医者」に対する相対座標）
変数「Aim-Y」:「アーチ」のY座標（「医者」に対する相対座標）

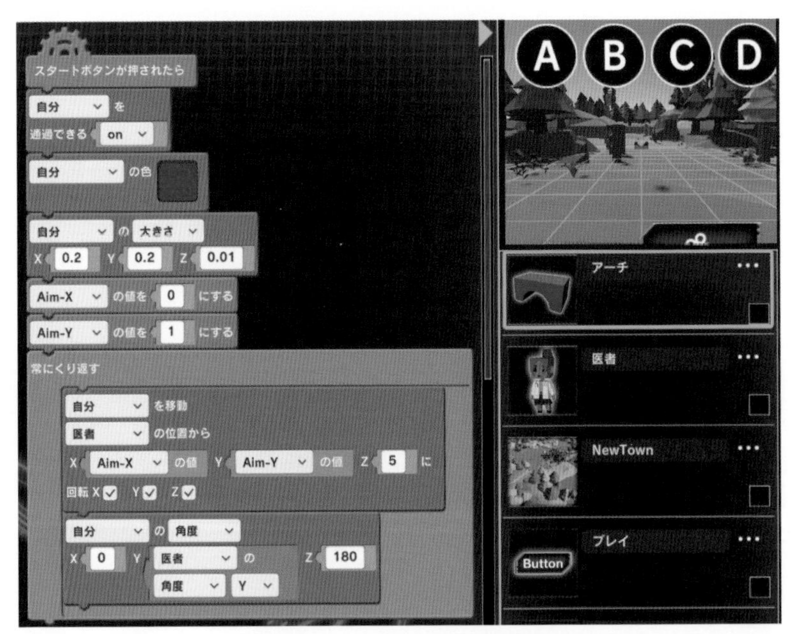

図06-2-2 「アーチ」のプログラム

変数「Aim-X」「Aim-Y」の値を変えれば、「アーチ」は移動します。

「座標」だけでなく、「角度」も主人公のY軸方向の「向き」に連動するようにしています。

[3]次に、「アーチ」をキーボードの操作で動かすプログラムを作りましょう。

「方向キー」の入力に合わせて変数「Aim-X」「Aim-Y」を変化させれば、「アーチ」は動いてくれるはずです。

「医者」の中に、図06-2-3のプログラムを追加してください。

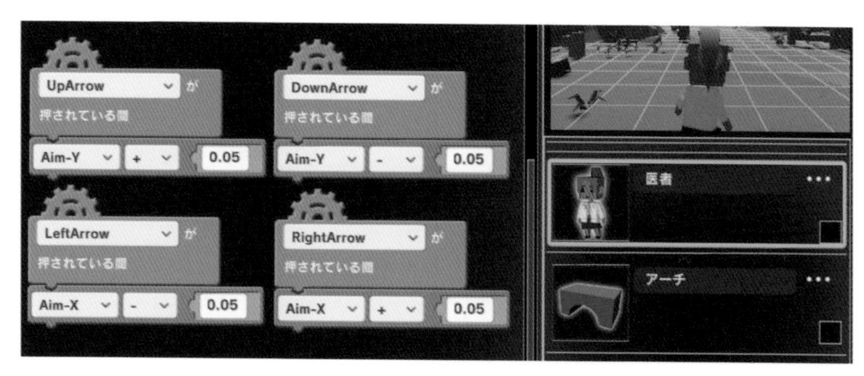

図06-2-3 「医者」のプログラム（追加）

照準は細かく操作したいので、「移動速度」は遅めにしてあります。

[4]「アーチ」を「ジョイパッド」で操作したい場合は、ツール「ジョイパッド」を追加し、名称を「照準」に変更してください。

【追加するオブジェクト】 ツール「ジョイパッド」

「照準」（ジョイパッド）の中に**図06-2-4**のプログラムを作ってください。

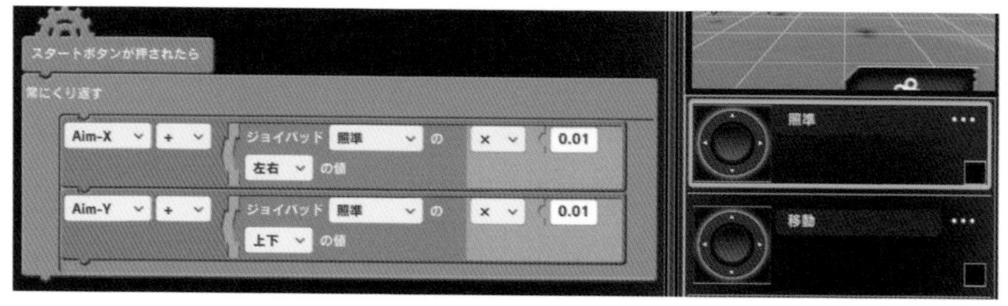

図06-2-4 「照準（ジョイパッド）」のプログラム

プログラムを実行してみましょう。

前方に「逆向きのアーチ」が浮遊し、主人公の移動や回転に連動して動けば、成功です。

図06-2-5 プログラム実行結果

弾を発射したとき、この「アーチ」目がけて飛んでいけば、「シューティング・ゲーム」らしい狙い撃ちができそうですね。

■「射撃」のプログラム

「弾丸」を作る前に、**「残弾数」を表示するプログラム**を作っておきましょう。

【追加するオブジェクト】 ツール「テキスト四角形」

＊

「テキスト四角形」の名称を「残弾」に変え、**図06-2-6**のプログラムを入れてください。

【作成する変数】 変数「Bullets」：弾丸の残数。

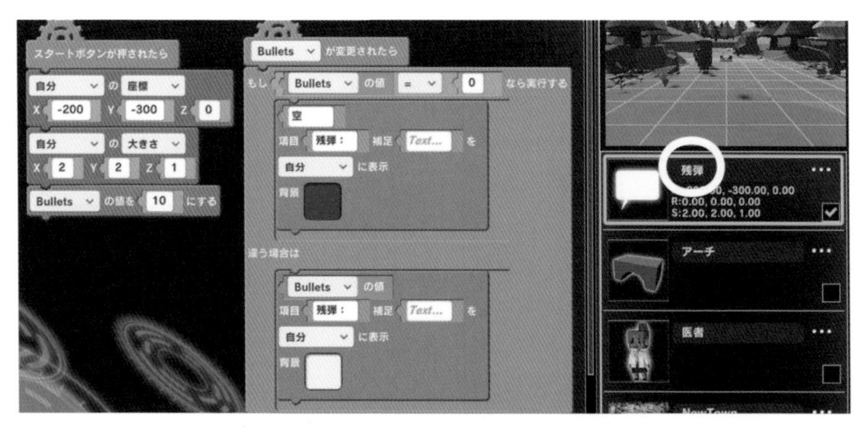

図06-2-6　「残弾」（テキスト四角形）のプログラム

「弾数」の初期値は「10」個です。

この数を増やせば「残弾数」を気にせずに連射できるようになりますが、正確に命中させる面白さや、マップの途中で弾倉を集める楽しさが損なわれてしまう可能性があります。

「弾倉」が「空（から）」になったら、「表示枠」が「赤く」なるようにしてあります。

＊

プログラムを実行し、画面下部に**「残弾数」**が表示されることを確認してください。

図06-2-7　プログラム実行結果

＊

それでは「弾丸」を作りましょう。

【追加するオブジェクト】 モデル「球」 サウンド「ビーム」

「弾丸」は連射したいので、「球」は分身として作られるようにプログラミングします。

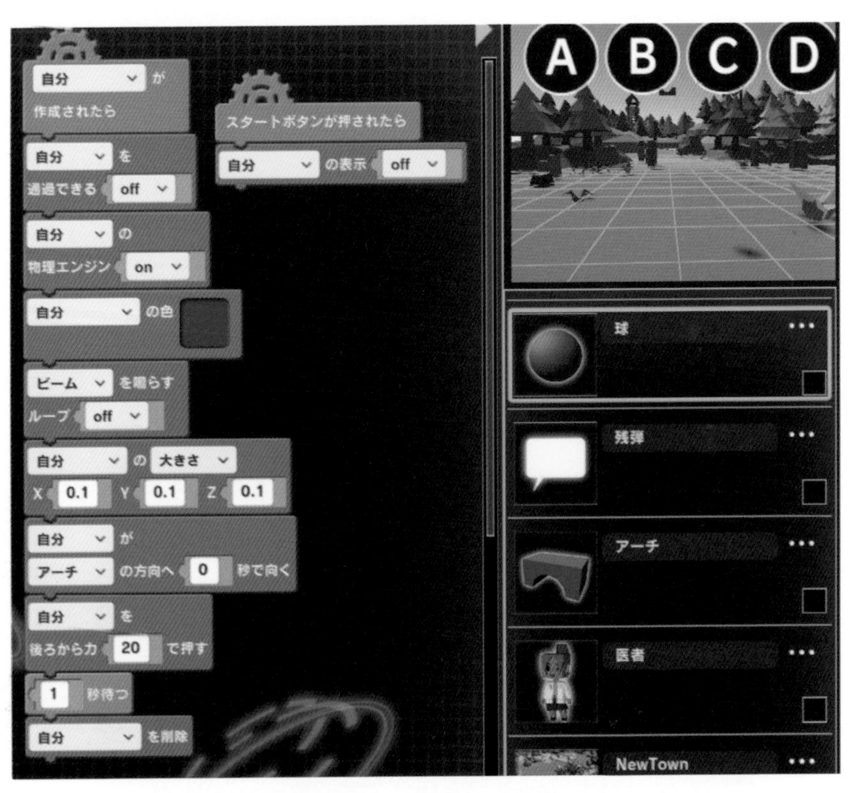

図06-2-8 「球」のプログラム

「後ろから押す力」を変えると、「弾速」が変わります。

また、作成後「1秒」で自分自身を削除するようにしていますが、この間隔を長くすれば「射程距離」が伸びます。

＊

「スペース」キーが押されたときに射撃できるように、「医者」の中に**図06-2-9**のプログラムを追加してください。

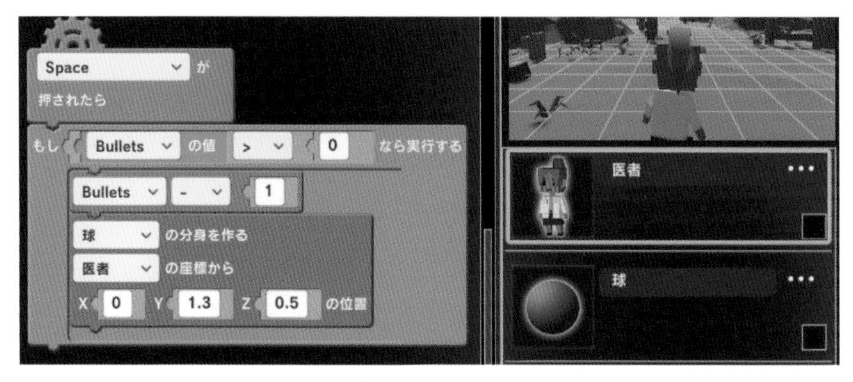

図06-2-9　「医者」のプログラム（追加）

＊

キャラクタの**「原点」**は足元なので、「球」を生成する場所は少し高い場所にしています。

また、出現したときに主人公とぶつからないように、ちょっと前方にズラしています。

＊

「タブレット/スマートフォン」で遊びたい人は、ボタンでも射撃できるようにしておきましょう。

【追加するオブジェクト】
ツール「ボタン」

＊

ボタンがクリック（タップ）された場合の処理は、スペースが押された場合の処理と同じです。

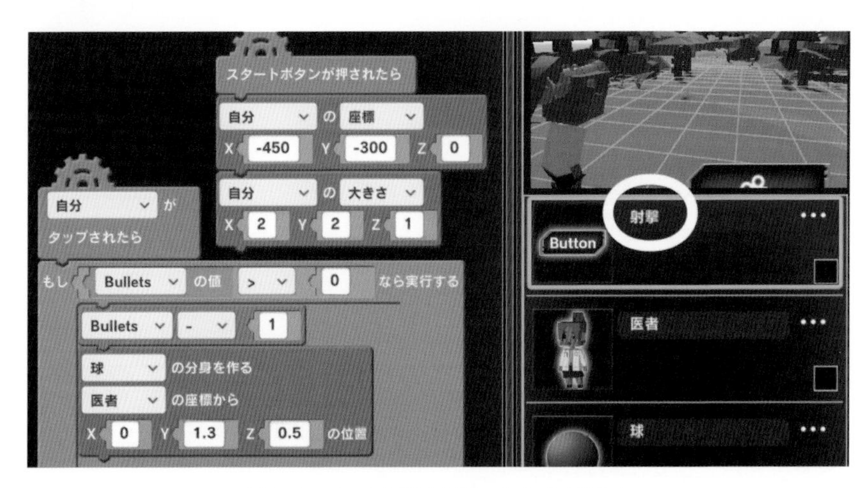

図06-2-10 「射撃」(ボタン)のプログラム

＊

プログラムを実行し、射撃をしてみましょう。

主人公や「アーチ」を移動させても、常に「球」が「アーチ」に向かって飛んでいけば成功です。

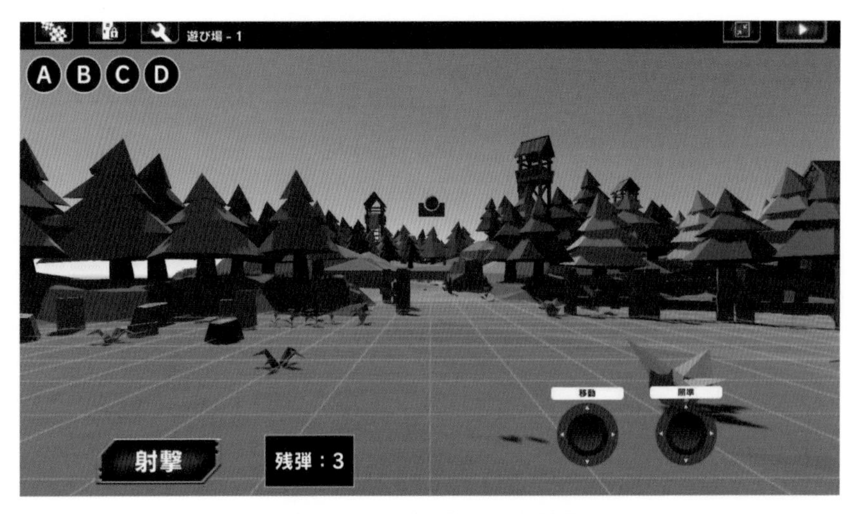

図06-2-11 プログラム実行結果

■「ゾンビ1」のプログラム

「弾」が撃てるようになったので、次は「標的」を作っていきましょう。

「ザコ敵」は2種類用意します。

最初の「ザコ敵」は、主人公を追う戦士です。

【追加するオブジェクト】

モデル「ゾンビ1」

【作成するグループ】

グループ「Enemy」:これに主人公が触れたらゲーム・オーバーになります。

「ザコ敵」はたくさん出現させたいので、分身として作られることを前提としてプログラムを作ります。

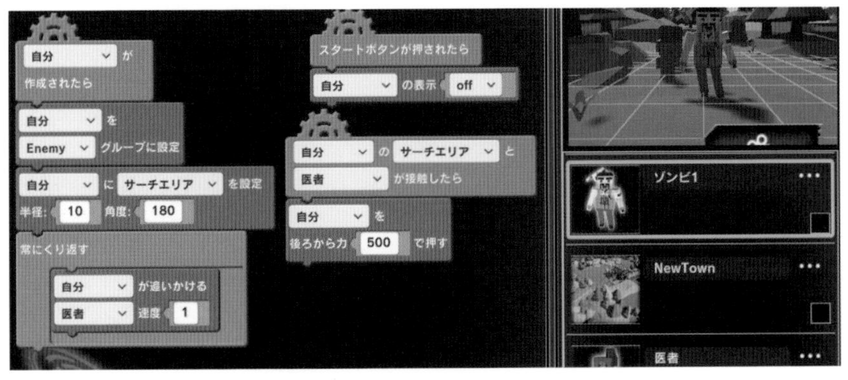

図06-2-12 「ゾンビ1」のプログラム

＊

通常は速度[1]で主人公を追いかけますが、「サーチ・エリア」の中に主人公が入ると突然ダッシュします。

■「ゾンビ2」のプログラム

【追加するオブジェクト】
モデル「ゾンビ2」
モデル「卵」

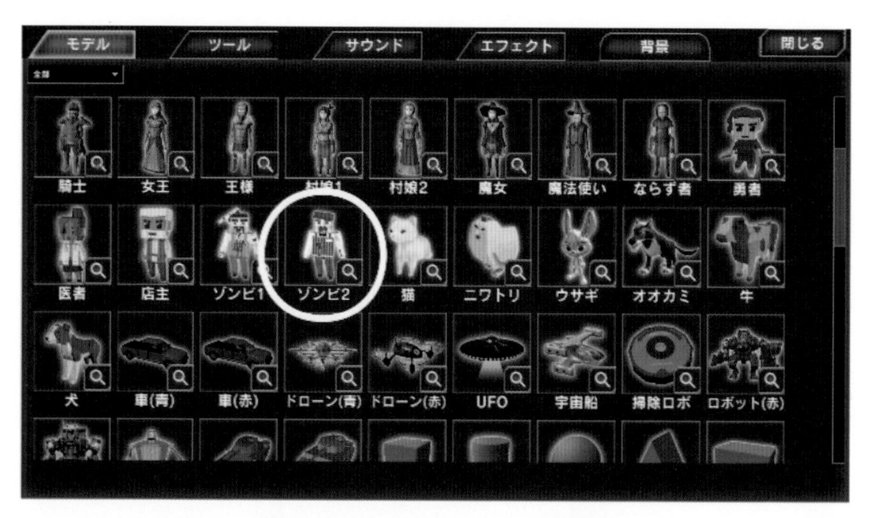

図06-2-13 モデル「ゾンビ2」の追加

まずは「卵」の中にプログラムを作ってください。

「卵」もたくさん表示したいので、「分身」として生成されることを前提としたプログラムを作ります。

図06-2-14　「卵」のプログラム

＊

「卵」は「主人公」を目がけて飛びます。

上方向（Y軸の正方向）にも瞬間的な力を加えているため、「卵」は放物線を描いて飛びます。

出現して3秒後に「卵」は消えますが、このとき爆発させても面白いですね。

＊

「ゾンビ2」の中にプログラムを作りましょう。

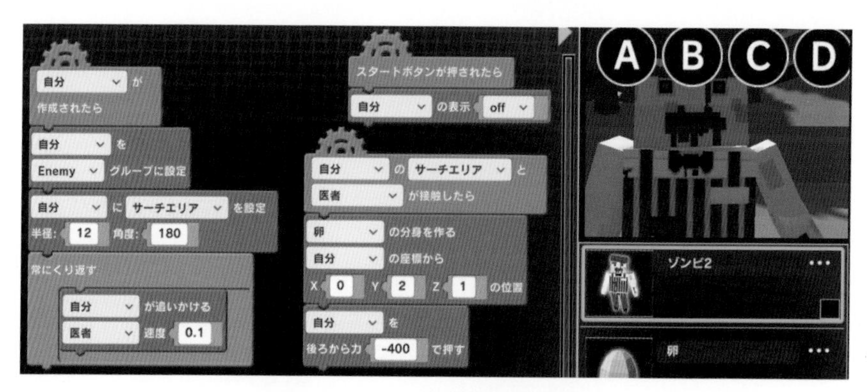

図06-2-15　「ゾンビ2」のプログラム

通常は非常にゆっくりと主人公を追いかけますが、自分の「サーチ・エリア」の中に主人公が入ると「卵」を発射し、「バック・ステップ」で後退します。

■「弾倉」のプログラム

このゲームは「弾数制限」があるので、「弾丸を節約」することが重要なゲームなのですが、さらにマップ上に「弾倉」を配置することで、「いかに弾丸を補給するか」という戦略性も楽しめるようにします。

【追加するオブジェクト】

モデル「宝箱」

サウンド「魔法1」

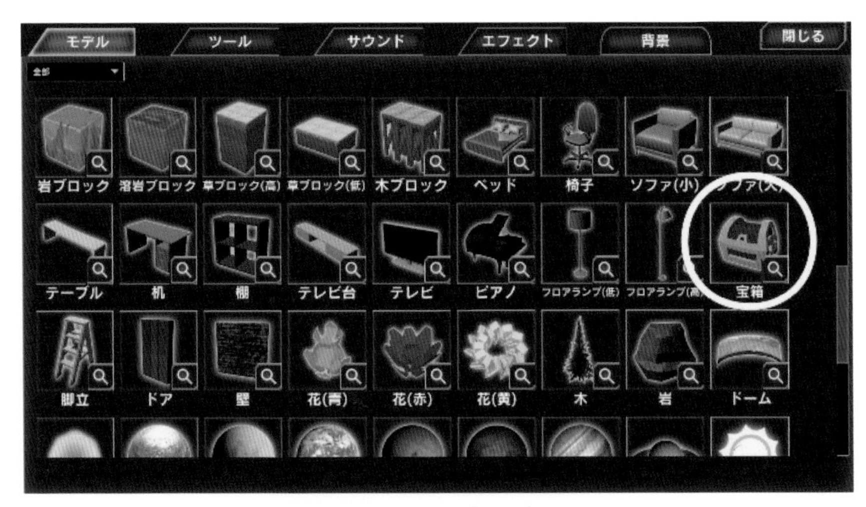

図06-2-16　モデル「宝箱」の追加

＊

「主人公」と「接触」したら、残弾数「Bullets」が増加するプログラムを、「宝箱」の中に作りましょう。

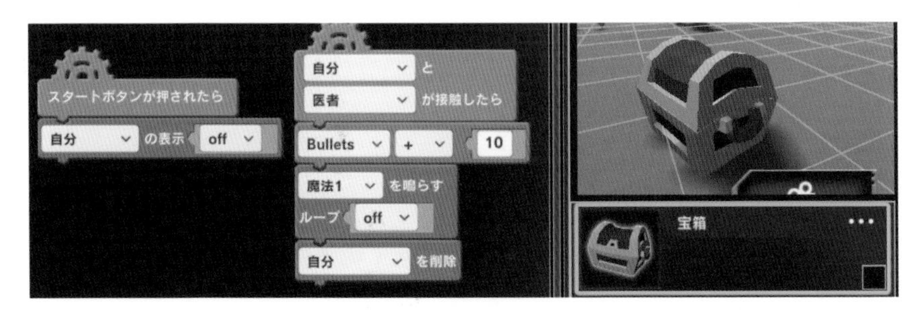

図06-2-17　「宝箱」のプログラム

■「敵」と「宝箱」の配置

それでは「ゾンビ1」「ゾンビ2」「宝箱」をマップに配置し、動作を確認してみましょう。

[手順]　「ゾンビ1」「ゾンビ2」「宝箱」の配置を決める

[1]「プレイ」ボタンがタップされたときに「ゾンビ1」「ゾンビ2」「宝箱」がマップに配置される（分身を作る）プログラムを「背景」の中に作ります。

＊

配置する場所を決めるのは面倒な作業ですが、プログラムを開始して実際に主人公を歩かせてみて、「この場所に配置しよう」という場所に来たら、「小画面モード」に切り替えて、主人公の座標を確認すれば、簡単です。

まだテスト段階なので、とりあえず**図06-2-18**のように適当な間隔を空けて配置してみましょう。

図06-2-18 「背景」のプログラム

[2]プログラムをスタートし、動作確認をしてみましょう。

まず、「ゾンビ1」が迫ってくるはずですが、「サーチ・エリア」の範囲に入ったらダッシュする動作を確認しましょう。

図06-2-19 プログラム実行結果

[3] 次に、「ゾンビ2」に近づき、「サーチ・エリア」に入った際に「卵」を投げ、「バック・ステップ」することを確認してください。

図06-2-20 プログラム実行結果

[4] 続いて「宝箱」の上に移動し、効果音が鳴って「残弾」の表示数が増加することを確認しましょう。

図06-2-21　プログラム実行結果

■ 命中時のプログラム

弾丸が地形や敵に命中した場合のプログラムを「球」の中に作りましょう。

【追加するオブジェクト】
　エフェクト「爆発（小）」
　エフェクト「爆死」
　サウンド「爆発（小）」
　サウンド「ゾンビ（うめき）」

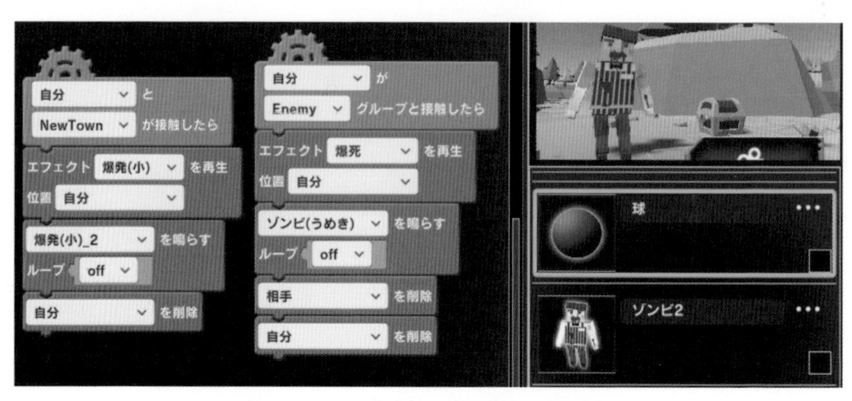

図06-2-22　「球」のプログラム（追加）

敵はグループ「Enemy」に所属させているので、まとめて取り扱うことができます。

*

「自分を削除する命令」は、必ず最後に書くようにしてください。
（自分が削除されてしまうと自分の中のプログラムも止まってしまうため）

*

プログラムをスタートし、「地形」や「ゾンビ」を撃ってみましょう。

着弾時に「効果音」と「爆発エフェクト」が発生すれば、成功です。

図06-2-23　プログラム実行結果

■「ボス」の配置

さらに「巨大ボス」を登場させましょう。

この「ボス」を倒すことで「ゲーム・クリア」の条件が成立します。

【追加するオブジェクト】 モデル「店主」

巨大なボスなので、「村」の左上にある、広めの平地に出現させることにします。

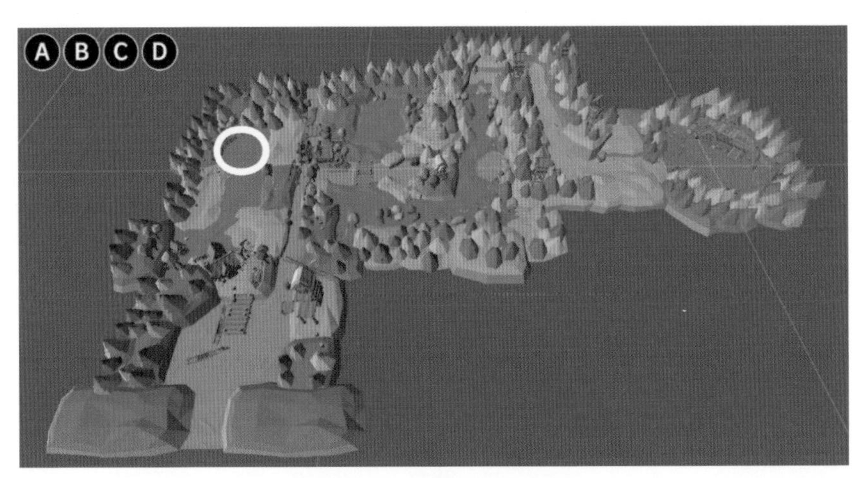

図06-2-24 背景「村」の全景

ボスを出現させる「座標」の調べ方は、「ゾンビ」や「宝箱」のときと同じです。

主人公を目的地まで歩かせ、小画面に切り替えて「オブジェクト・リスト」の座標を確認します。

とりあえず今回はテストなので、次の図のプログラムを「店主」の中に作ってください。

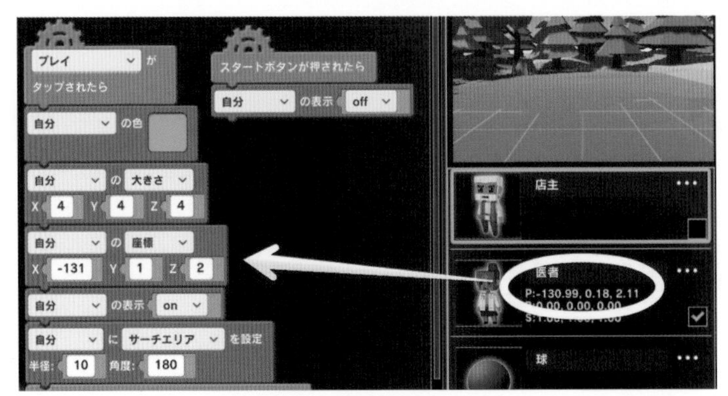

図06-2-25 「店主」のプログラム

「地面」より低い位置に「キャラクタ」を配置してしまうと、重力に引かれて奈落の底へ落下してしまうことがあるので、「Y座標」は心持ち大きめの値を入れるのがコツです。

ボスなので主人公が近づくまで移動せずに待っています。

＊

プログラムを起動し、「プレイ」ボタンをクリックしてみましょう。

巨大な緑色の「店主」が出現すれば、成功です。

＊

※なお、このあと「ボス戦」を作る作業が続くので、一時的に主人公の初期位置をボスの近くにしておくと便利です。

図06-2-26　プログラム実行結果

■ 弱点の作成

「ボス」は体が大きいので、標的として狙うのは簡単すぎます。

そこでボスに「弱点」を用意し、「弱点」にしかダメージを与えられないようにしましょう。

【追加するオブジェクト】
モデル「球」

すでに作成ずみの「球」と区別するため、名称を「弱点」に変更しておきましょう。

ボス「店主」の頭上に「弱点」を表示するプログラムを作ってください。

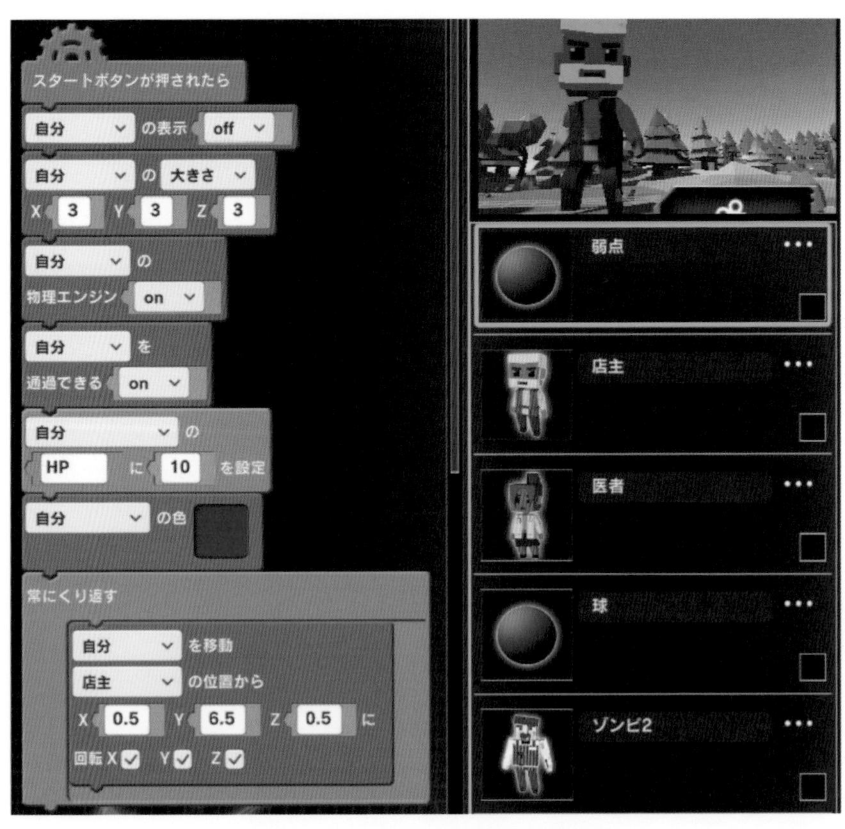

図06-2-27 「弱点（球）」のプログラム

＊

「弱点」の「体力」(HP)を「オブジェクト変数」に設定しています。これがゼロになれば「ゲーム・クリア」です。

＊

最初から「弱点」が見えていると安全な場所から狙い撃ちできてしまうので、最初は「非表示」にしてあります。

「店主」のプログラムを追加し、「サーチ・エリア」に主人公が入った場合、「弱点」が表示され、前進するようにしましょう。

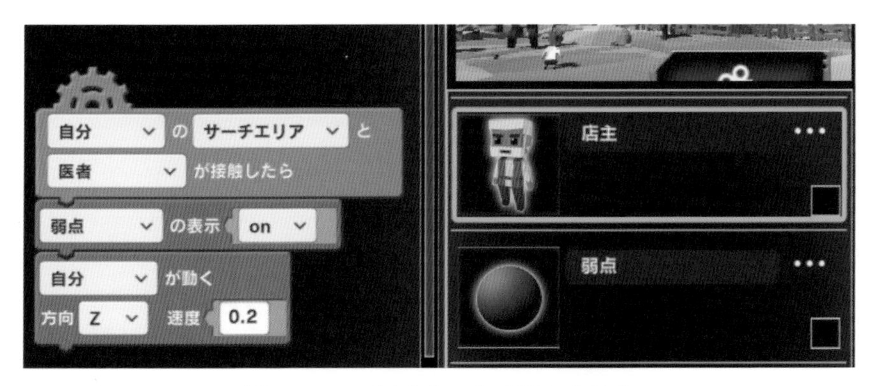

図06-2-28 「店主」のプログラム (追加)

「店主」は常に主人公の方向を向くので、「Z軸方向に動く」ということは主人公を追いかけることになります。

＊

プログラムを起動し、ボス「店主」の「サーチ・エリア」に接触してみましょう。

頭上に弱点が表示され、主人公を追いかけだしたら成功です。

図06-2-29　プログラム実行結果

6-3 「FPS」の仕上げ

■「ゲーム・クリア」処理

ゲームとして仕上げるため、「ゲーム・クリア」の処理を作りましょう。

[手順]　「ゲーム・クリア」時の処理を作る

[1] まずは、弾丸がボス「店主」や「弱点」に命中した場合のプログラムを「球」の中に作ります。

図06-3-1　「球」のプログラム（追加）

「ボス本体」に命中しても「うめき声」がするだけでダメージは与えられませんが、「弱点」に命中すると、「弱点」の「体力」(HP)が減少します。

[2]「弱点」のオブジェクト変数「HP」が「0」になったら「ゲーム・クリア」となるプログラムを背景「村」の中に作りましょう。

ついでに、「初期設定」も行なっておきます。

【追加するオブジェクト】
エフェクト「爆発（大)」
サウンド「戦闘」
サウンド「クリア2」
サウンド「爆発（大)」

【作成する変数】
変数「Mode」：ゲームの状態を表す変数。初期状態＝「0」、ゲーム・クリア後＝「1」、ゲーム・オーバー後「2」

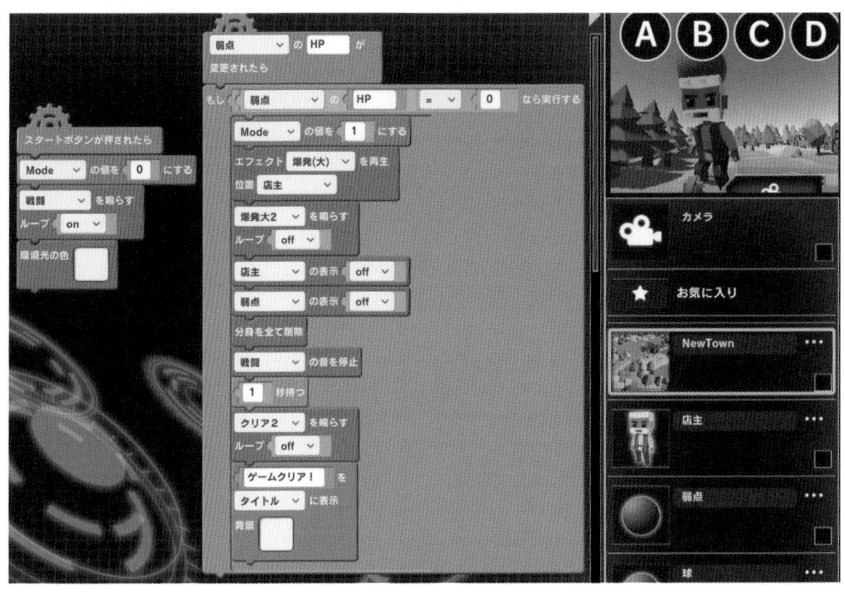

図06-3-2 「背景」のプログラム

＊

このあと作る「ゲーム・オーバー処理」の中で**「環境光」**を変える予定があるので、初期設定の中で「環境光」を元に戻しています。

＊

プログラムを起動し、ボスを攻撃してみましょう。

「ボスの本体」に着弾すると「うめき声」が発生し、**「弱点」に着弾**すると「爆発」の「効果音」と「エフェクト」が発生するはずです。

図06-3-3 プログラム実行結果

＊

「弱点」に「10」発命中させて「ゲーム・クリア処理」が行なわれたら、成功です。

図06-3-4 プログラム実行結果

＊

ちょっと地味すぎる気もしますね。
村人から感謝される演出などを加えてもいいかもしれません。

■「ゲーム・オーバー」処理

ゲームの開発をしやすくするため、今まで主人公は無敵のままにしてきましたが、「ゲーム・オーバー」の処理を作ります。

主人公に、グループ「Enemy」か「店主」が接触すると「ゲーム・オーバー」になります。

【追加するオブジェクト】 サウンド「叫び声（女）」

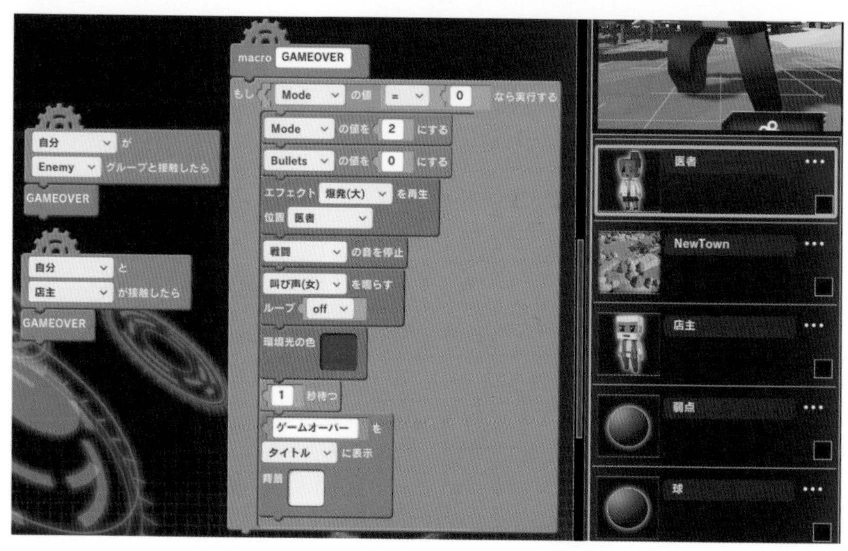

図06-3-5　「医者」のプログラム（追加）

＊

変数「Mode」の値を調べ、すでに「ゲーム・オーバー」あるいは「ゲーム・クリア」になっている場合は処理が行なわれないようにしています。

「主人公」の「負傷」を表現するため、「環境光」を「赤く」変えています。

＊

プログラムを起動し、「ゾンビ」や「ゾンビ2」の投げる「卵」やボス「店主」に接触してみて、正しく「ゲーム・オーバー」になることを確認しましょう。

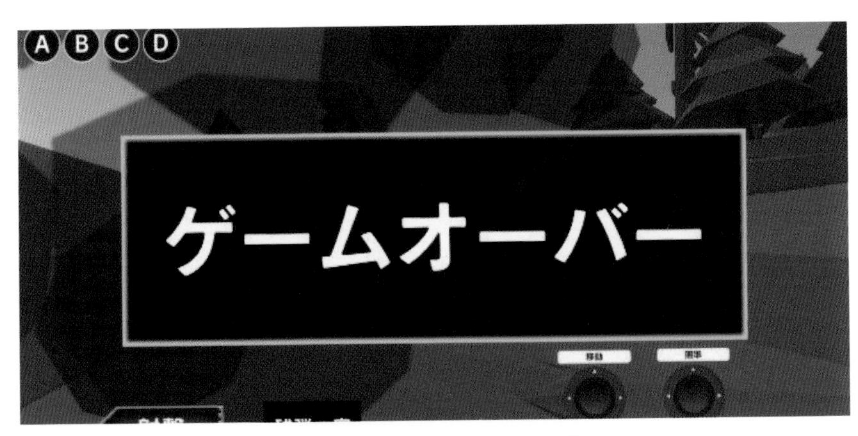

図06-3-6　プログラム実行結果

■ ゾンビと宝箱の配置

「ゾンビ1」「ゾンビ2」「宝箱」をマップに配置したら、ゲームは完成です。

※図06-3-7は筆者が適当に作った配置なので、あくまでも参考として見ていただければと思います。

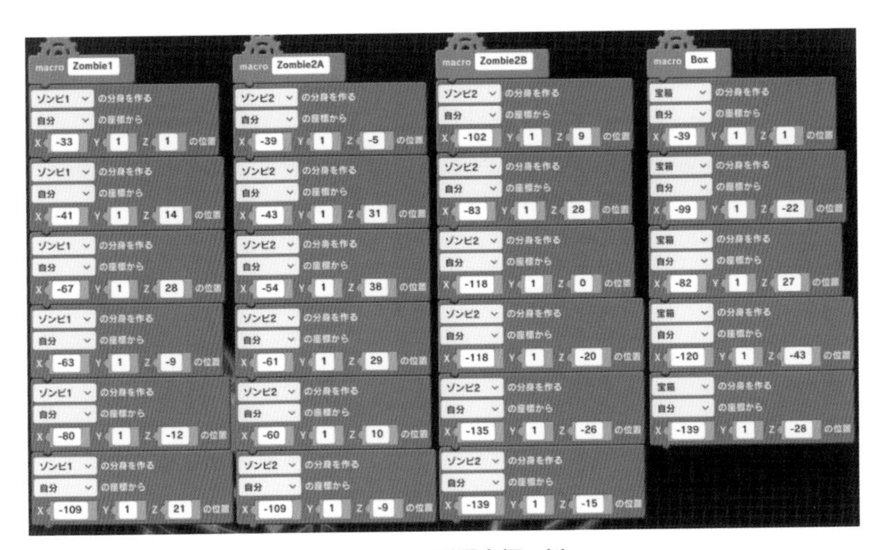

図06-3-7　配置座標の例

おわりに

いかがだったでしょうか。

通常、美麗な「3Dゲーム」を作ろうと思ったら、「高い技術力」と「長大な時間」が必要になります。

ところが、「Mind Render」は、びっくりするぐらい簡単です。

「ゲーム・プログラミング」の楽しさを実感できたら、「ルール」を変えたり、「ステージ」を拡張したり、敵を増やしたり、ぜひ自分なりの改造や拡張に挑戦してみてください。

そしてできれば、自分の作品の「公開キー」をメッセンジャーで送ったり、SNSに書き込んだりして、他の人に遊んでもらってください。

「Mind Render」によるゲーム作りを通じて、プログラミングの面白さと可能性が、どんどん広がってくれることを願っています。

索引

数字順

アルファベット順

50音順

■さ行

■た行

■著者略歴

豊田　淳（とよだ・じゅん）

東京都練馬区出身。立教大学理学部物理学科卒。
ゲームメーカーにてRPG、アクション・ゲーム、ソーシャル・ゲームなどのタイトルに関わる。
プライベートでは「ラズベリーパイ」で動作する小型ロボット「ベゼリー」を開発。
メイカーフェアなどで実験的な作品を発表。
月刊I/Oにて、連載「その技術、何の役に立つんですか?」などを執筆。
Twitterアカウント：@nuja
ベゼリーのページ：http://bezelie.com/

質問に関して

本書の内容に関するご質問は、

①返信用の切手を同封した手紙
②往復はがき
③ FAX(03)5269-6031
（ご自宅のFAX番号を明記してください）
④ E-mail　editors@kohgakusha.co.jp

のいずれかで、工学社編集部宛にお願いします。電話によるお問い合わせはご遠慮ください。

●サポートページは下記にあります。

【工学社サイト】http://www.kohgakusha.co.jp/

I/O BOOKS

はじめての「Mind Render」

2021年2月25日　初版発行　ⓒ2021

著　者　豊田　淳
発行人　星　正明
発行所　株式会社工学社
〒160-0004
東京都新宿区四谷4-28-20 2F
電話　(03)5269-2041(代)［営業］
(03)5269-6041(代)［編集］
振替口座　00150-6-22510

※定価はカバーに表示してあります。

[印刷]（株）エーヴィスシステムズ

ISBN 978-4-7775-2137-1